钦州湾生态安全保障及环境管理对策

张广平 著

電子工業出版社
Publishing House of Electronics Industry
北京 • BEIJING

图书在版编目（CIP）数据

钦州湾生态安全保障及环境管理对策/张广平著. —北京：电子工业出版社，2020.1
ISBN 978-7-121-37701-3

Ⅰ. ①钦… Ⅱ. ①张… Ⅲ. ①海洋环境－生态环境保护－研究－广西 Ⅳ. ①X321.267

中国版本图书馆 CIP 数据核字（2019）第 238517 号

策划编辑：缪晓红
责任编辑：刘小琳
印　　刷：北京虎彩文化传播有限公司
装　　订：北京虎彩文化传播有限公司
出版发行：电子工业出版社
　　　　　北京市海淀区万寿路 173 信箱　　邮编：100036
开　　本：880×1230　1/32　印张：6.875　字数：163 千字
版　　次：2020 年 1 月第 1 版
印　　次：2022 年 4 月第 2 次印刷
定　　价：98.00 元

凡所购买电子工业出版社图书有缺损问题，请向购买书店调换。若书店售缺，请与本社发行部联系，联系及邮购电话：（010）88254888，88258888。

质量投诉请发邮件至 zlts@phei.com.cn，盗版侵权举报请发邮件至 dbqq@phei.com.cn。

本书咨询联系方式：（010）88254760 或 mxh@phei.com.cn。

前　言

PREFACE

本项目所有数据来源如下：第一，历年钦州湾海洋环境监测、调查任务报告数据；第二，历年钦州湾相关项目成果报告数据；第三，历年钦州湾海域论证报告数据；第四，历年钦州湾海洋环境影响报告数据；第五，历年广西壮族自治区海洋环境质量公报、钦州市海洋环境质量公报数据。

本项目采用“结构—功能—压力”模型来构建钦州湾生态环境评价指标体系，涵盖了钦州湾海洋生态、环境、社会、经济等诸多方面共46个指标因子来综合评价钦州湾生态安全状态。

本项目参考了大量的资料，对海湾生态环境安全评价方法进行了梳理。研究发现，其中绝大部分文献资料都采用等权值法进行海湾生态环境评价，如珠江口、大亚湾、莱州湾等。本项目采用的等权值综合评价法是项目组经过长时间考虑和实验后拟定下来的。①我们对每个评价指标因子先按照国标、行标或背景值进行评价得出评价值并归一化处理。这使得每个评价因子在整个评价指标体系中不存在量纲不统一的问题。②对46个评价指标因子逐个进行评价，得出的评价值大小反映出该指标因子与标准值“1”

之间的偏移状况，即该单因子在海洋生态环境中的好坏程度，我们就是以该评价值的大小差距来反映该因子在整个体系中的自然权值的，这比较合乎自然的法则。③如果人为拟定因子的权值，将导致一系列问题的发生。首先，如果权值不能确定好，将会导致最后的评价指标值与实际情况差别巨大，整个系统就失去了评价的意义。其次，要想科学地确定每个因子在整个体系中的权值，是一个比较复杂的工程。最后，项目组认为与其使用未知的不确定的人为定权值，不如使用反映海洋生态环境本身状况程度的等权值法。

首先，本项目构建的“钦州湾生态环境安全评价状况”与“广西壮族自治区海洋环境质量公报、钦州市海洋环境质量公报”所给出的钦州湾环境状况是不同的概念，评价的标准和评价的指标因子也不一样，故不能简单地以政府部门发布的“海洋环境质量公告”结果来验证本项目研究的结果；其次，海洋环境质量公告使用的是单因子法来评价钦州湾水质、污染物等的状况，而本项目“钦州湾生态环境安全状况评价”采用的是综合多因子法，因子较多且类别较多，涵盖水质、沉积物、生物量、污染物含量、水调节服务、社会服务、经济服务、突发事件服务等因素。评价结果也是另一个维度上的观察视角值，不能简单以前一个指标值来裁定后一个指标值的可靠性。最后，如果非要找出海洋质量公报中评价结果与本项目评价结果的关联处，那么本项目提到要素层的指标分值就是对单个指标因子进行评价得出指标分值，只不过海洋环境质量公报中给出的水质评价结果是定性分析结果（如一类水质、二类水质），而本项目中得出的每个因子的指标分值既定性又定量地给出了单因子的海洋生态环境的安全状况，以及该因子在国标、行标或背景值标准下的变化程度，该变化程度可直接反映到整个评价体系的评价因子中。

鸣谢：

本书作者单位为北部湾大学。感谢张晨晓教授的大力支持及帮助；感谢黄鹄教授的大力指导，感谢彭世球教授的大力支持和指导，感谢劳燕玲副教授的大力支持，感谢佟智成高级工程师的大力支持和指导，感谢杨斌副教授的大力支持，感谢亢振军副教授、郭伟博士的大力支持及帮助；同时，还要感谢广西科技兴海综合研究专项资助，感谢广西北部湾海洋灾害研究重点实验室的资助。

目　录

CONTENTS

第 1 章　钦州湾生态环境概况

1.1　钦州市经济社会概况

钦州市位于广西壮族自治区南部，东与玉林为邻，北与贵港市、南宁市接壤，西与防城港市相接，东南与北海市相连，南临浩瀚的北部湾。钦州市于 1994 年 6 月经国务院批准撤地设市，现管辖钦南区、钦北区、钦州港经济开发区、三娘湾旅游管理区和灵山县、浦北县，全市总面积为 10 843 平方千米。钦州市有着得天独厚的区位优势和地缘优势，是带动广西及西南地区的全方位对外开放和经济全面发展的龙头，是中国与东盟及亚太地区经济合作的重要桥梁，境内大陆海岸线长达 518 千米，小岛屿 303 个。自治区人民政府 1996 年批准设立钦州港经济开发区。钦州港是天然深水良港，目前已建有万吨级码头 9 个，正在建 3 000 吨至万吨级码头 11 个。交通网络有南宁—钦州、黎塘—钦州、防城港—钦州、北海—钦州、钦州港—钦州 5 条铁路与南北高速公路、南北二级公路在钦州市交会。

钦州市工业行业主要有制糖、煤炭、电力、制盐等。农业以种植为主，全市农作物有 180 多种，粮食作物以水稻、玉米、红薯为主，大宗的经济作物有甘蔗、荔枝、龙眼、香蕉、茶叶等。钦州市总户籍数 97.1 万户，总人口 396.5 万人。其中，农业人口 353.2 万人，非农业人口 43.3 万人；男性人口 216.6 万人，女性人口 179.9 万人。各县（区）人口分布情况如下：钦南区 58.9 万人，钦北区 81.2 万人，钦州港经济技术开发区 2.3 万人，灵山县 162.4 万人，浦北县 91.7 万人。全市人口出生率 15.08‰，死亡率 6.36‰，人口自然增长率 8.72‰。全市生产总值（GDP）突破 800 亿元。

1.2 钦州湾地理位置

1.2.1 钦州湾基本情况

钦州湾位于广西南部面临北部湾沿岸中部，地理位置区间为 E108.873 622°～E108.503 895°。钦州湾由内湾（茅尾海）、湾颈、外湾三部分构成，中间狭窄，两端开阔，湾口朝南，与北部湾相通。湾口门宽 29 千米，纵深 39 千米，全湾岸线长 570 千米。该湾沿岸有钦州市的犀牛脚镇、钦州港经济开发区、大番坡镇、尖山镇、康熙岭镇、龙门港镇。海湾总面积 380 平方千米，其中滩涂面积 200 平方千米，是广西沿海最大的海湾，湾内有岛屿 300 多个。

钦州湾茅尾海对于钦州港港口建设具有重要意义，钦州湾的主导功能是工业港口开发建设。多项大型调查研究表明，茅尾海是钦州港的生命线，若没有茅尾海，钦州港将不复存在。同时，茅尾海渔业资源很丰富，是发展海水养殖业的良好区域。为此，茅尾海的功能定位为保护性开发。在茅尾海内，严格控制围海和填海活动，严格控制污染物排放，发展开放式的海水养殖活动，尽可能避免纳潮量的减少，同时加强渔业资源保护。钦州湾的主要功能有港口航运、渔业资源利用、旅游资源利用和海水化学资源等。重点功能区有钦州市大型临海工业港、沙井港、茅岭港等港口航运区；重要渔港区有龙门渔港、企沙渔港、犀牛脚渔港等；茅尾海、大风江海域、大风江至三娘湾南面海域、鹿耳环江至大环半岛西面养殖区；茅尾海近江牡蛎资源增殖保护区，大榄坪港口预留区、犀牛脚三墩等大型港口区；茅尾海石西沙附近海域、观音堂至樟木岭等功能待定区。该湾重点保证钦州港、大型临海工业园、茅尾海增养殖的用海需要，发展滨海旅游，保护茅尾海生态环境。钦州湾生态安全保障研究区域经纬度坐标变化范围为：经度 E108.340 940°～108.969 831°；纬度 N21.934 311°～21.539 558°。

1.2.2　钦州湾周围行政区划分情况

1. 东场镇

东场镇位于钦州市东南部，距离钦州城区 28 千米，该镇陆域面积 178.1 平方千米，海岸线长 42 千米，浅海、滩涂面积 18 000 亩。该镇从大风江出北部湾海仅几海里，内有南北高速公路，南北二级公路，钦犀二级公路经过。自治区重点建设项目——大风江调水工程位于圩镇西边 500 米，管辖上寮、白木、英窝、高塘、东场、六加、关塘 7 个村委会，88 个自然村，118 个村民小组。总人口 18 476 人，其中农业人口 17 767 人，人口自然增长率为 7.5‰。耕地面积为 2 454 公顷，农田有效灌溉面积为 187 公顷，粮食播种面积为 1 940 公顷，经济作物种植面积为 2 021 公顷。农机总动力为 7 020 千瓦。有林面积为 93 422 亩，森林覆盖率为 45%。农业生产主要以种植水稻、糖蔗、辣椒、木薯、花生等为主。甘蔗种植面积 30 180 亩，是犀牛脚糖厂、钦江糖厂的主要蔗区之一。林业重点发展湿地松、速生桉种植，湿地松种植 10 500 亩，速生桉种植 63 300 亩。水产品养殖面积 21 210 亩，其中对虾养殖面积 6 000 多亩。

2. 犀牛脚镇

犀牛脚镇位于钦州市最南端，三面环海，一面接陆，是一座滨海城镇。全镇土地总面积 200 余平方千米，海岸线长 74.7 千米，浅海滩涂 12.88 万亩，辖 16 个村委会，共 5.7 万多人。全镇共有汉、壮、瑶、苗、侗、毛南、京 7 个民族，其中汉族人口占总人口的 99%。

3. 大番坡镇

大番坡镇位于钦州湾东部沿岸，全镇辖 10 个村委会，81 个自然村，108 个村民小组，区域总面积 133.76 平方千米，总人口 19 206 人，有党员 605 人。耕地面积 1 371 公顷，海岸线长 56.5 千米，浅海滩涂面积 30 988 亩。全镇实现国民生产总值 15 874 万元；社会固定资产投资 4 991 万元；财政收入 375.3 万元；农民人均纯收入 3 130 元。

4. 尖山镇

尖山镇位于广西钦州市区南郊，南临钦州湾茅尾海，东南与钦州港隔海相望，西以大榄江为界与康熙岭镇毗邻，东与沙埠镇隔江相望，具有典型的城郊、沿海、临港优势。钦沙公路、钦防高速公路纵横其中，沙井港码头位于境内，是钦州市货物进出口我国东兴、北海及越南等东盟各国及地区的天然良港，水陆交通非常便捷。

镇政府驻地钦沙公路边，距离钦州市中心 3.8 千米，管辖尖山、西沟、九鸦、黄坡启、谷仓、排榜、犁头嘴 7 个村委会，66 个自然村，130 个村民小组，总人口 23 867 人，总面积 83 平方千米。其中，浅海滩涂面积 37 平方千米，海岸线长 47 千米，耕地面积 20 598 亩，以无公害蔬菜种植、花卉种植、酿酒养猪、海蛋鸭、对虾养殖、大蚝养殖为支柱产业。海水养殖得天独厚，是茅尾海最大的天然牡蛎繁殖基地、万亩对虾养殖亮点基地。

5. 沙埠镇

沙埠镇位于钦州市东郊，北与久隆镇相连，东与那丽、东场镇接壤，南与大番坡镇、钦州港毗连，北部靠山，南部临海，辖 15 个村委会，总面积 145.5 平方千米，全镇总人口 33 796 人，耕地面积 38 315 亩，林地面积 82 432 亩，海滩涂面积 7 000 亩。

6. 龙门港镇

龙门港镇位于钦州市南部，东与钦州港隔海（约 3 千米）相望，西与防城港市茅岭乡毗邻，南与防城港市光坡乡交界，北濒茅尾海。全镇四面环海，是一个由众多岛屿组成的乡镇，岛上风光旖丽，有“将军楼”“五井流香”“中流砥柱”“龙泾还珠”等旅游景点。全镇管辖东村、南村、西村、北村、果子山 5 个村委会，总面积 11.9 平方公里，总人口 7 671 人；聚居汉、壮、瑶、回、京等民族。龙门港镇地处钦江、茅岭江两大河流入海口，属咸淡水交汇区，海水盐度适中，水质肥沃，适宜各种鱼虾贝类繁衍生息，海洋捕捞和海水养殖业历史悠久，有对虾、青蟹、大蚝、石斑鱼四大名产。目前，全镇已形成对虾、青蟹、大蚝、网箱养鱼这四大海养基地。

7. 康熙岭镇

康熙岭镇位于钦州市西南部，地处沿海，距离钦州市区 15 千米，省道、南北高速公路、南防铁路贯穿该市。辖区基本属于半丘陵半平原地貌，陆地总面积 89.2 平方千米，耕地面积 1 989 公顷，农田有效灌溉面积 1 200 公顷，粮食播种面积 3 562 公顷，经济作物种植面积 240 公顷。农机总动力为 20 404 千瓦，有林面积 48 884 亩，森林覆盖率为 100%。海岸线长 42.5 千米，浅海滩涂面积 43 000 亩，红树林防护林面积达 7 920 亩，主要分布于竹甬口、平排等地。全镇现有人口达 39 196 人，其中农业人口 38 034 人。

1.3　钦州湾气候特征

钦州湾位于北回归线以南，属南亚热带海洋性季风气候区，气象特点如下：海洋气候明显，冬不严寒，夏无酷暑，夏长冬短，雨量充沛。年平均气温 22℃，低于 14℃的冬春季约 110 天，高于 14℃的夏秋季约 250 天。一年中以 7 月气温最高，月平均气温 28.5℃，历年极端最高气温 37.5℃，出现于 1968 年 7 月 28 日和 1989 年 7 月 17 日。最冷月出现在 1 月，月平均气温 13℃，历年极端最低气温-1.8℃。年日照总数 1 796～1 921h。大太阳总辐射量 104～106 千卡/cm^2。全年无霜期 316～365 天，平均 358 天。

钦州湾地区是我国雨量丰富的地方之一，85%以上年份的降雨量 1 700～2 500mm，多年平均降雨量 2104.2mm。降雨量分布不均，西部大，东部小，大致以钦州、犀牛脚为界，西部历年平均降雨量大于 2 000mm，东部历年平均降雨量 1 500～2 000mm。研究区雨量充沛与受太平洋的台风袭击有关，台风多集中在 7 月中旬到 9 月中旬登陆，平均每年 1～3 次，最多达一年 6 次，并伴随有台风雨，与降雨的高峰相一致。每年 5～9 月为雨季，平均降雨量 1 611.7mm，占全年降雨量的 76%，还常出现暴雨或特大暴雨，降雨天数平均达 90 天；11 月至次年 3 月为干季，平均只有 243.3mm，占全年降雨量的 11.5%；4 月与 10 月为季风交换季节，平均降雨量 110～130mm。与降雨量比较，10 月至次年 3 月蒸发量大于降雨量，4—9 月蒸发量小于降雨量，历年年均蒸发量为 1 714.4mm，1963 年蒸发量最大，达 1 878.5mm，1976 年蒸发量最小，仅为 1 509.6mm。一年之中，2—3 月蒸发量较小，月平均蒸发量均不足 100mm，5—10 月蒸发量较大，月平均蒸发量达 170～180mm。

1.4 钦州湾地形地貌特征

钦州湾是一个半封闭的天然海湾。该海域为陆架浅海，其地势是北高南低，水深 0～20m，等深线的走向基本与海岸平行。

1. 水深、地形

钦州湾为典型的溺谷型海湾，湾内沿岸被低山丘陵环绕，湾口向南。以青菜头为界，北水域称为内湾，南水域称为外湾。

内湾中亚公山以北为茅尾海，其水面开阔，茅尾海东西走向最宽处约 15km，南北走向最宽处约 17km，纳潮量达 2.1 亿～4.5 亿立方米；茅尾海的东北和西北部分别有钦江和茅岭江流入。从亚公山至青菜头之间潮汐主通道岸线长约 8km，水域宽达 1～2km，水深 5～20m。在主通道东侧岛屿遍布，植被良好，周围基本上无泥沙浅滩；西侧岛屿数量略少于东侧，港汊甚多，内有许多小海湾，湾内有大片浅滩发育。

钦州湾外湾自青菜头向南呈喇叭形展布，湾口至青菜头南北相距约 13.2km。湾内有多条潮流脊，其中规模较大的为老人沙，长 7.5km，呈北西→南东走向，低潮时部分可露出水面，与相邻深槽水深相差可达 6～7m。湾内落潮流槽主要有东、中、西 3 条。东水道走向大致与湾内涨潮流流向一致，其自然水深达 5～24m，在靠近青菜头附近三深槽水深较大，最深达 24m。其中，水深 10m，槽长约 3km；5m 深槽延伸至三墩附近、槽宽 300～1000m；东水道拦门沙段水深 4m 左右，其宽度 2～3km。在东水道与陆岸之间浅海滩地发育，0m 以上浅海滩地宽达 4～5km，其间还有金鼓江、鹿耳环两条规模相对较大的纳潮沟深入内陆，金鼓江延伸入内陆达 10km。中水道宽且浅，且涨落潮流分散，深槽难以发育壮大；中水道自然水深 5～8m，5m 槽长约 10km、槽宽 300～600m，拦门沙段水深在 3m 左右，宽度约 2.5km。西水道基本呈南北走向，拦门沙段呈西南走向，西水道因落潮流较强，因此槽宽且水深。西水道自然水深 5～15m，除拦门沙浅段外，5m 深槽全线贯通。其中，在青菜头至大红排航段及伞顶沙东侧均存在 10m 以上深槽，10m 深槽总长达 6.6km；西水道拦门沙段水深 4m 左右，宽度 1.0～1.5km。

2. 水下动力地貌

钦州湾是冰后期海平面上升，海水淹没钦江和茅岭江古河谷而形成的典型的巨型弱谷湾。该湾深入内陆，岸线蜿蜒曲折，海底地形起伏不平，在沿岸河流水动力和海洋水动力的共同作用下，形成了各种各样的水下动力地貌。该湾水下动力地貌主要有潮间浅滩（包括淤泥滩、沙滩、红树林浅滩）、河口沙坝、潮沟、潮流沙脊、潮流深槽、水下拦门浅滩、水下岸坡 7 种类型。

1.5 钦州湾生态安全评价区域划分

依据钦州市海洋功能区划和钦州湾生态环境监测数据区位特征，将钦州湾生态安全评价区域划分成八大类区域：茅岭江入海口区、钦江入海口区、茅尾海东部农渔业区、港口工业与城镇用海区、休闲娱乐区、钦州湾外湾养殖区、钦州湾外海保护区、三娘湾海洋保护区。根据不同的区域对水质环境、沉积物污染、生物体污染等要求的不同来分区位评价，更加科学地反映钦州湾不同功能区划海域的生态环境现状及其发展演变的趋势，在不同的区域有针对性地制定环境管理的策略，更好地为该区域社会经济发展及人民生活提高服务。

茅岭江入海口区、钦江入海口区是按照茅岭江及钦江入海口对应的检测区域来划分的，主要考虑的是河流入海口污染物影响的情况。

茅尾海东部农渔业区、钦州湾外湾养殖区都属于农渔业区。茅尾海东部农渔业区是指适于拓展农业发展空间和开发海洋生物资源，可供农业围垦，渔港和育苗场等渔业基础设施建设，海水增养殖和捕捞生产，以及重要渔业品种养护的海域，包括农业围垦区、渔业基础设施区、养殖区、增殖区、捕捞区和水产种质资源保护区。

港口工业与城镇用海区属于工业与城镇用海区。工业与城镇用海区是指适于发展临海工业与滨海城镇的海域，包括工业用海区和城镇用海区。工业与城镇用海区主要分布在沿海大、中城市和重要港口毗邻海域。在适宜的海域，采取离岸或“人工岛”式围填海，减小对海洋水动力环境、岸滩及海底地形地貌的影响，防止海岸侵蚀。工业用海区应落实环境保护措施，严格实行污水达标排放，避免工业生产造成海洋环境污染，新建核电站、石化等危险化学品项目应远离人口密集的城镇。城镇用海区应保障社会公益项目用海，维护公众的用海需求，加强自然岸线和海岸景观的保护，营造宜居的海岸生态环境。工业与城镇用海区执行不劣于三类海水水质标准。

旅游休闲娱乐区。旅游休闲娱乐区是指适于开发利用滨海和海上旅游资源，可供旅游景区开发和海上文体娱乐活动场所建设的海域，包括风景旅游区和文体休闲娱乐区。旅游休闲娱乐区主要为沿海国家级风景名胜区、国家级旅游度假区、国家5A级旅游景区、国家级地质公园、国家级森林公园等的毗邻海域及其他旅游资源丰富的海域。旅游休闲娱乐区开发建设要合理控制规模，优化空间布局，有序利用海岸线、海湾、海岛等重要旅游资源；严格落实生态环境保护措施，保护海岸自然景观和沙滩资源，避免旅游活动对海洋生态环境造成影响。保障现有城市生活用海和旅游休闲娱乐区用海，禁止非公益性设施占用公共旅游资源。开展城镇周边海域海岸带整治修复，形成新的旅游休闲娱乐区。旅游休闲娱乐区执行不劣于二类海水水质标准。

钦州湾外海保护区和三娘湾海洋保护区属于海洋保护区。对海洋保护区要求：依据国家有关法律法规加强现有海洋保护区的管理，严格限制保护区内影响干扰保护对象的用海活动，维持、恢复、改善海洋生态环境和生物多样性，保护自然景观。在海洋生物濒危、海洋生态系统典型、海洋地理条件特殊、海洋资源丰富的近海、远海和群岛海域，新建一批海洋自然保护区和海洋特别保护区，进一步增加海洋保护区面积。近期拟选划为海洋保护区的海域应禁止开发建设。逐步建立类型多样、布局合理、功能完善的海洋保护区网络体系，促进海洋生态保护与周边海域开发利用的协调发展。海洋自然保护区执行不劣于一类海水水质标准，海洋特别保护区执行各使用功能相应的海水水质标准。

第 2 章　钦州湾生态安全评价指标体系

2.1　海湾生态安全评价研究概况

2.1.1　生态安全评价及研究进展

生态安全问题的研究，最早源于 20 世纪 80 年代切尔诺贝利核电站事故导致的人为环境灾难。其次是 90 年代后凸显的跨越国界的全球性环境公害，如沙尘暴、水污染、大气污染、温室效应、厄尔尼诺等，经济全球化、森林锐减、各国之间潜在的环境威胁增加。1989 年应用系统分析研究所（IASA）将生态安全的定义扩展如下：在人的生活、健康、安乐、基本权利、生活保障来源、必要资源、社会秩序和人类适应环境变化的能力等方面不受威胁的状态，包括自然生态安全、经济生态安全和社会生态安全，组成一个复合人工生态安全系统。与此相对的是狭义上的生态安全，指自然和半自然生态系统的安全，反映生态系统完整性和健康的整体水平。

生态安全评价（Ecological Security Assessment，ESA）是对生态系统完整性及对各种风险下维持其健康的可持续能力的识别与判断研究。一般认为，生态安全评价体系包括评价对象、评价目的、评价指标、评价方法、评价标准和评价尺度6个要素。

综合国内外生态安全评价研究，其理论体系不断发展和完善，研究内容越来越丰富：一是研究生态评价的内容，从生态风险、生态健康、生态服务价值、生态脆弱性、生态敏感性等不同的角度去论述，也有学者把影响因子分析纳入生态安全评价的研究内容；二是评价的主体各不相同，评价对象从森林、草原、河流到城市、土地、海湾等；三是生态安全评价方法和评价指标不断发展。

1. 生态安全评价模型研究

生态安全评价模型的构建是生态安全研究的基础内容。国际机构组织及学者针对生态安全评价设计了一系列评价模型，其中代表模型有：国际经济合作与发展组织（OECD）的"压力—状态—响应"（PSR）框架模型；欧洲环境署（EEA）的"驱动力—压力—状态—影响—响应"（DPSIR）指标体系；联合国可持续发展委员会（UNCSD）的"驱动力—状态—响应"（DSR）框架模型；Corvalan等人提出的"驱动力—压力—状态—暴露—影响—响应"（DPSEEA）概念模型。

PSR模型是由加拿大统计学家Tony Friend和David Rapport提出的，20世纪70年代由国际经济合作与发展组织（Organization for Economic Cooperation and Development, OECD）进行了修改并

开始应用于环境报告。国际经济合作与发展组织根据 PSR 框架提出了国家层次的针对世界重要环境问题的指标体系，这些环境问题包括气候变化、臭氧层破坏、富营养化、酸化、有毒污染、废物、生物多样性与景观、城市环境质量、水资源、森林资源、渔业资源、土壤退化（沙漠化与侵蚀）和不能归结为特定问题的一般性指标 13 个方面，且就压力、状态响应问题都提出了具体的指标。PSR 模型作为一种较为先进的资源环境管理体系，应用领域主要集中在水、土壤、农业、生物和海洋等资源的管理保护和对环境管理如何科学决策并实施等方面，用来描述人类与环境之间相互作用的因果关系，在国外，PSR 模型的应用已经取得了阶段性成果。国内该模型的应用研究主要集中在环境管理研究、土地可持续利用研究、水资源可持续利用评价指标体系研究等文献中，它从系统学的角度出发，多方面分析人与环境系统的相互作用，是一种在环境系统中广泛应用的评价体系模型，也是组织环境状态信息的通用模型。

在 PSR 模型中，压力表征人类活动对环境的直接压力因子，如废物排放、围海造地、渔业捕捞、海岸带旅游、生物入侵、公路网的密度等。状态表征环境当前的状态或趋势，如污染物浓度、海洋环境质量、物种多样性。响应表征环境政策。PSR 概念模型使用“原因—效应—响应”这一逻辑思维来解释生态安全。即人类活动对环境施加了一定压力，因为这个原因，环境状态发生了一定的变化，而人类社会应当对环境的变化做出响应，以恢复环境质量或防止环境退化。PSR 框架是针对环境问题来建立的，强调了环境压力的来源，适用于大范围环境现象，适合对国家和某一区域生态安全的评价。PSR 模型从人类系统与环境系统相互作用、相互影响的角度出发，对环境指标进行分类和组织，具有较强的系统性。它是评价人类活动与资源环境可持续发展方面比较完善的、权威的体系，也是其他模型的基础。许多学者以 PSR 框架为生态安全评价机理完成了大量区域生态安全评价研究。

欧洲环境署在 PSR 框架中添加了两类指标：“驱动力”指标（Driving Force）和“影响”指标（Impact）。“驱动力”指标是指推动环境压力增加或减轻的社会经济或社会文化因子。有一些驱动力是很明显的，如工业、农业、旅游业、交通或建设的发展。所有这些发展都是由一些所谓“原始驱动力”（Primary Driving Forces）的潜在力量推动的，如人口增长、繁荣水平、社会观念或技术变化。“影响”指标是指由环境状况导致的结果。意思是它们代表可观测的结果（包括正面或反面的），如人类健康影响或植被破坏。

而 DSR 模型中的驱动力是自然灾害及人类活动带给生态系统的压力；状态是生态系统的结构、功能状况，同时也是自然生态系统给人类提供服务功能和资源的反映；响应是处理生态环境问题、维护改善生态系统状态的保障及管理能力。在海湾生态安全评价中，将驱动力设置为人类对于资源的需求，这种行为带来了压力，以此为出发点建立评价指标体系。

PSR 模型具有清晰的因果逻辑关系，即人类活动对环境施加了一定的压力，环境状态随之发生一定的变化，而人类社会对环境的变化做出反应，以恢复环境质量或防止环境退化。PSR 模型的主要目的是通过回答“发生了什么、为什么发生、我们将如何做”来进行评价，即人类活动对环境施加了一定的压力；由于这个缘故，环境状态发生了一定的变化；同时人类社会对环境变化的响应，以恢复环境质量或防止环境退化。PSR 框架强调了环境压力的来源，这是一个非常关键的问题，因为造成环境压力的人类活动应当对环境的变化负责。

压力指标表征人类活动对环境的直接压力，如围填海工程、过度捕捞、污染物排放等；状态指标反映环境当前的状态或者趋势，如生物多样性、污染物浓度、水质状况等；响应指标是指人类面对环境问题采取的对策与措施，如自然保护区建设、减少污染排放、加大环保投资等。

在 PSR 框架的基础上，联合国可持续发展委员会（UNCSD）建立了“驱动力（Driving Force）—状态（State）—响应（Response）”概念框架（DSR）。其中，驱动力指标指推动环境压力增加或降低的社会经济或文化因子，状态指标反映可持续发展过程中的各系统的状态，相应指标则是指人类为促进可持续发展而采取的对策。另外，欧洲环境署在 PSR 框架中加入了两大类指标：“驱动力”（Driving Force）指标和“影响”（Impact）指标。其中，驱动力指标是指推动环境压力增加或降低的社会经济或文化因子。其中有一些驱动力因子是显而易见的，如工业、农业、旅游业的发展，而这些发展都是有一些所谓“原始驱动力”的潜在力量推动的，如人口增长、社会进步或技术变化等。影响指标用来表征由于环境状况的变化而导致的结果，它们代表可以观测的结果（包括正面或负面的），如对人类健康的影响、湿地面积的减少。不管是DSR还是DPSIR，都是在PSR框架模型的基础上进行扩展的，都是基于PSR模型的基本理念，只是在对框架中的指标和模块进行了扩展或者细化。本研究项目仍然采用在PSR模型扩展的基础上来构建钦州湾生态安全评价指标体系。

2. 生态安全评价方法研究

随着生态安全研究的进一步深入，其评价工作在积极吸纳各相关学科、领域的研究成果基础上得到了长足发展。生态评价方法经历了从单一因子到多因子、由简单定性到综合定量、由静态评价到动态评价的发展过程。在生态安全评价方法的归类中，既有基于评价对象的不同而形成的评价方法体系，也有根据评价中所采用的技术方法和模型的不同而进行归类的评价方法。后者有利于促进现代科学技术和方法在生态学研究中的运用，从而有利于生态安全评价的发展。当前得到应用的生态安全评价方法（模型）有如下7种。

1）数学模型法

数学模型的各种数理统计方法中，临界指标综合评判法便于横向与纵向的对比分析，运用较为广泛。此方法，首先要建立表征各种生态安全因子特性的指标体系，确定评价标准；其次，将评价的环境因子的现状值与预测值转换为统一的无量纲指标，用 1-0 表示（1 表示生态安全度最高，0 表示最差），计算人类活动对生态安全及环境影响的变化值；最后，根据各评价因子相对重要性赋予权重，将各因子变化值加以综合，得出综合影响评价值。指数法简明扼要，且符合人们所熟悉的环境污染及环境影响评价思路，其难点在于如何明确建立表征生态环境质量标准体系，如何确定赋予权与准确计量。为了提高指数评价的定量化和可信度，通常以层次分析法（AHP）、模糊综合评判法、主成分分析方法（PCA）相互结合进行综合评价。

2）指示生物法

指示生物法的主要判断依据是生态系统中的指示物种多样性及丰富度。当生态系统受到外界胁迫后，生态系统的结构和功能受到影响，这些指示物种的适宜受到胁迫，进而它们的结构功能指标将产生明显的变化。孔红梅等指出通过指示物种结构功能指标及数量的变化可以反映生态系统的健康程度，同时也可以通过指示物种的恢复能力来表示生态系统受胁迫的恢复能力。

3）指标体系法

指标体系法是根据生态系统的特征和其服务功能建立指标体系，采用数学方法确定其健康状况，关键是如何建立指标体系，合理的指标体系既要反映水域的总体健康水平，又要反映生态系统的健康变化趋势。

指标是对客观现象的某种特征进行度量，指标的功能和作用在于能够通过彼此间的相互比较，反映客观事物的情况和特征及非均衡性，为管理和决策提供依据。生态安全评价各项指标既要从生态系统自身出发，对生态系统结构完整与否和功能是否正常进行判断，作为从生态系统内部进行的评价；同时还对生态系统有影响的人类活动、社会经济活动也进行指标测定，作为从外部进行的生态系统评价；另外，生态系统的物理化学因素也是一个评价生态系统的重要指标。而具体的质量指标等级划分，朱建刚建议根据生态系统整体性、稳定性、可持续性 3 个重要特征对不同评价指标进行分类；同时还根据评价指标的范畴对指标进行分类，将指标分为限制可比型和非限制可比型两类。前者只有一套分级标准，可用于评价所有待评的一系列同质要素；而后者需要多套分级标准来评价对象。

4）景观生态学与景观生态格局方法

景观生态学方法是借助空间结构分析及功能与稳定性分析来进行。空间结构分析认为景观由拼块、模地、廊道组成。模地是区域景观的背景地块，它可以控制环境质量的组分，可借用传统生态学中计算植被重要值的方法。景观功能和稳定性分析包括组成因子的生态适宜性分析、生物恢复能力分析、系统抗干扰或抗退化能力分析、种群持久性和可达性分析，包括景观多样性指数（H）、优势度指数（D）、生态环境质量值（EQ，该值是根据生态适宜性、植被覆盖度、抗退化能力、恢复力进行计算），然后根据 EQ 值划分生态安全级别。不同的安全水平要求有各自相应的安全格局。安全格局能够有效地保护相关景观进程，在一定的安全水平上最大限度地避免可能带来的危机和变化，因此，景观生态安全格局分析能够保护多个物种和群体，可以反映保护地的多种生境特点。具体方法如下：首先确定作为主要保护对象的物种和相应栖息地；其次，建立阻力面（阻力面是用等阻力线来表示的一种矢量图），反映物种运动时空的连续体，类似于地形表面。

5）生态系统失调综合征诊断

这种方法采用了沈佐锐的研究成果所定义的生态系统健康概念，即具有稳定的、可持续的、对胁迫因子能保持一定恢复弹力或自我修复的能力，生态系统的功能阈值未被突破，一旦突破，则危及生态系统的维持，会表现出生态系统失调综合征。将生态系统健康和医学上的健康概念相联系，主要表现为生物多样性下降、外来物种数量增加、种群数量波动增大、污染物或有毒物质在生态系统中积累等。

6）生态模型方法

将生态学理论与数学原理相结合、基于资源环境承载力基础发展起来的生态模型法逐渐成为生态安全评价和管理的有效工具。在风险评价中，生态模型可用于设计或预测未来潜在的风险，同时风险评价与管理者也可借助生态模型重建过去的生态影响。近 30 年来，生态模型的研究突飞猛进，许多综合性的多功能复杂生态模型已成为现实，将一些成熟生态模型运用到生态安全问题的研究中也成为近年来生态安全评价最具活力的方向。Barnthouse

曾对生态风险评价中数学模型的作用与发展进行较为全面的综述，强调个体和区域两种尺度上的用于生态风险评价与管理的生态模型。随着生态安全问题研究的不断深入，生态数学模型在生态安全评价中起到越来越重要的作用，利用生态模型评价不同尺度的生态安全问题将是未来发展的一个重要方向。未来生态风险或生态评价模型开发与应用需关注的关键问题如下：只要能充分满足生态安全评价目标的需要，越简单化的模型更具有广泛的应用价值；任何单一的生态模型都不可能实现跨越不同空间与时间尺度的生态安全评价，但实际的生态风险或生态评价与管理需要模型能适应不同时空尺度上的度量；模型结果的可信度是模型法进行生态安全评价的关键，对模型本身可信度与准确性的评价是模型法应用过程中不可或缺的环节。

7）数字地面模型法

美国麻省理工学院的 Miller 教授于 1958 年提出数字地面模型，以数字的形式来表示实际地形特征的空间分布。数字生态安全模型是遥感信息提取技术与计算机建模软硬件设施技术相结合的产物，它能充分利用遥感技术提供快速更新的、从微观到宏观的各种形式数据的信息优势与 GIS 强大的数据管理与空间分析功能，将区域各因素系统化，构成完整的分析体系来进行区域生态环境系统安全的综合评价，着重反映区域生态安全特征。此模型与 GPS 相结合，形成区域尺度上兼备评价、预测与预警功能的生态安全模型将成为生态安全研究中最具生命力和应用前景的理想工具。

这些方法中，数学模型法、指示生物法、指标体系法是现今发展比较迅速也比较完善的方法，其他方法还有待更深入的研究，特别是对于其在区域生态安全评价中的应用。

2.1.2　海湾生态安全评价及研究进展

海湾是陆、海相互作用及人类干扰活动的强烈承受区域，受两者物质、能量、结构和功能体系的影响。一方面，海岸带生态系统资源丰富、区位优势明显，是适合人类居住和发展的理想区域；另一方面，受到来自海洋和陆地的扰动频率高、稳定性差，自然灾害频发，是典型的脆弱生态系统。因而海湾生态系统是海洋生态学家、环境学家尤为关注的区域，也是可持续发展研究的优先区域。由于海湾属于一个复杂的生态系统，可以包括红树林、海草床等生态系统类型，因而不能将其作为一个单一的生态系统类型来进行考虑。海湾生态安全作为生态安全的一个组成成分，属于区域生态安全的范畴。马克明等认为区域生态安全研究是基于格局与过程相互作用的原理，从更加宏观更加系统的角度寻求解决区域生态环境问题的对策，并通过区域生态安全格局的规划设计具体实施。杨志曾从海岸带生态系统健康的概念出发，认为海湾生态系统健康应包括海湾生态结构健康、海湾生态系统服务的认可和保护政策、海湾生态系统受到的压力和威胁 3 个部分。Morton 等根据可度量的特征提出健康的海湾生态系统应具有如下特征：①维持生态系统稳定、可持续发展的关键过程运行良好；②受人类活动影响的区域未扩展，或环境质量未继续恶化（如随污水排海的氮扩散范围未继续增大等）；

③重要的栖息地（如海草床）保持完整。

总之，从生态安全的角度出发，海湾生态安全具有其专属的特点。

首先，是组成成分的复杂性，海湾生态系统不仅包括海洋生态系统，还包括海岸带生态系统及一部分陆地生态系统，由此构成一个复杂的生态系统结构，因而，健康的海湾生态系统是一个成熟且稳定的复合生态系统。

其次，由于海湾地区多为人类活动比较强烈的地区，因而，海湾生态系统健康受到人类活动影响的程度强于其他类型的生态系统。

最后，海湾生态系统的稳定是一个动态的稳定状态，是一种生态系统各部分之间的平衡状态。海湾生态安全评价作为区域生态安全评价的一部分，能够客观反映海湾生态系统的总体特征，探索出生态系统各个层次存在的问题和隐患，反映海湾生态系统为人类社会提供生态系统服务的质量和可持续性。

海湾生态系统评价方法多来源于陆地生态安全评价的指标体系和方法，并在此基础之上进行改进和拓展。目前，国际上最有代表性的两种方法分别是美国的“沿岸海域状况综合评价方法”（ASSETS）和欧盟奥斯陆—巴黎协议（Oslo—Paris Convention，OSPAR）东北大西洋海洋环境保护计划中的“综合评价法”（OSPAR-COMPP）。两种方法都是通过构建大型系统的综合指标体系来评价生态系统，其主要区别也在于指标体系的差异，前者将水质、溶解氧、滨海湿地损失、富营养化状况、沉积物污染等共 7 类指标作为标准评价；后者则通过生物学质量要素、物理化学质量要素和水文学要素来构建评价指标体系。但是两者都基于 PSR 模型，建立了包括水体、沉积物、生物和大气污染物沉降等众多参数的评价指标体系。

由于生态系统健康的概念传入我国时间较晚，因而国内相关工作的开展也相对较晚。在石羊河流域，研究人员结合 GIS 技术，在 100m×100m 的空间范围内利用空间主成分投影法和层次分析法对评价体系内的参数赋值，从而对该流域生态安全状况做出评价。张婧利用胶州湾的调查数据和有关统计资料，对胶州湾海岸带的生态环境现状进行了初步分析；应用 PSR 模型，构筑了包括资源压力、人口压力、环境压力、经济压力、生态灾害、海湾状况、环境质量状况、生态状况、生态系统自身功能、生态系统服务功能、压力调整状况、状态修复状况及经济政策调整等 16 个方面 43 个指标的胶州湾海岸带生态安全评价体系。郑雯等针对海岸带快速城市化区域的特性，基于 PSR 模型和突变级数法，构建了闽南海岸带城市生态安全评价的模型，对研究区 1996—2004 年的生态安全状况进行客观评价。杨建强等采用综合指数法在莱州湾西部海域构建综合评价模型，并进行了生态系统健康评价；欧文霞运用层次分析法对闽东沿岸海洋生态监控区域的生态系统进行了评价；吝涛通过运用“网状”生态指标体系对厦门海岸带生态系统健康进行评价；胡文佳基于 PSR 模型，对深沪湾进行了深沪湾生态系统评价研究；钟美明现场调查胶州湾的主要生态因子，对胶州湾海域环境质量现状进行评价，同时对胶州湾海洋生态系统的状况进行了综合评估；李利采用层次分析法确定各个评价因子的权重，建立了廉州湾海域生态系统健康综合指数评价模型，得出了廉州湾海域生态健康程度；许自舟等基于我国近海海洋综合调查与评价专项课题构建的生态系统健康评价指标体系和评价模式，应用数据库技术及面向对象的信息系统开发技术，研制了海洋生态系统评价软件，并评价了我国近岸海域、近海海域及重点海域生态系统健康状况；李纯厚等根据海洋生态系统的 PSR 模型，从压力指标、结构指标、响应指标等几个方面在大亚湾海域构建了海湾生态系统健康评价的指标体系，并提出了基于 GIS 的海湾生态系统健康综合指数法。张庆林等运用国内常用的富营养化评价（NQI）方法与欧盟（OS-PAR-COMPP）方法评价了辽东湾的富营养化程度。张朝晖等综述了海洋生态系统服务价值评估的研究成果，并指出 MA 的概念更倾向于管理中应用，其分类体系更为实用和便于评估。孙磊采用 PSR 模型，通过海岸带压力评价，从近岸陆域景观、栖息地、海洋污染、环境调节、环境交换、生物群落、生物质量、资源承载力、社区居住环境、经济发展水平、社会进步等方面评价、预测了胶州湾生态系统健康。孙涛等采用集水面积、人口密度、入海量、河口断流时间、水质、生物多样性指数和生物量 7 项指标评价了河口生态系统恢复状况。马玉艳评估了河口浮游动物群落生态健康状况。贾晓平等从海水水质、海水营养结构与营养水平、初级生产力水平、现存生物量水平 4 个方面诊断了南海北部海域渔业生态环境健康状况。李会民等用溶解氧、无机磷、无机氮、化学耗氧量等 13 个参数评价海洋生态系统健康。纪大伟运用环境指标、生态指标及生态系统功能指标的综合评价体系对 2004—2005 年黄河口及邻近海域生态系统健康状况进行了评价。秦昌波建立了包括滩涂景观子系统、水环境子系统和社会经济子系统的海岸带生态系统健康评价指标体系，并利用该评价体系评价了天津海岸带生态系统健康状况。宋延巍根据海岛生态系统的复杂性特征，以活力、组织力、异质性和协调性（生态足迹）为指标构筑了海岛生态系统健康评价指标体系。肖佳媚运用 PSR 模型对南麂列岛进行了生态系统健康评价。林倩等综合考虑生态系统健康标准及河口湿地的生态特征，运用 PSR 模型在辽河河口湿地构建了生态系统健康评价指标体系，并引入突变级数法对辽河河口生态系统健康状况进行了评价和分析。

与海湾生态系统的环境现状相比，目前的生态安全研究多以静态评价为主，动态评价研究较为缺乏。因此，未来海湾生态安全评价研究应着重于如何将数理模型与 3S 技术相结合，构建海湾生态安全空间评价模型，将空间数据整合到评价体系中；此外，在静态评价的基础上深入探讨动态评价的方法和模型，寻求维护海湾生态安全的关键性要素和过程，为海湾生态安全的预警、预测和调控提供科学依据。

本项目采用在 PSR 模型基础上扩展的“系统结构—服务功能—系统压力”模型来构建钦州湾生态安全评价指标体系，使用该指标体系来评价生态安全指数。

2.2 数据处理

2.2.1 指标体系的数据来源

本项目所有数据来源如下：第一，历年钦州湾海洋环境监测、调查任务报告数据；第二，历年钦州湾相关项目成果报告数据；第三，历年钦州湾海域论证报告数据；第四，历年钦州湾海洋环境影响报告书数据；第五，历年广西壮族自治区海洋环境质量公报、钦州市海洋环境质量公报数据。评价数据主要收集的数据包括以下 12 个方面。

（1）收集整理的物种多样性因子数据：浮游植物多样性、浮游植物密度（个/m^3）、浮游动物多样性、浮游动物密度（个/m^3）、底栖生物物种多样性、底栖生物密度。其中浮游植物多样性、浮游动物多样性、底栖生物物种多样性基本上反映了物种多样性的情况。

（2）收集整理的生境多样性因子数据：典型生境面积。围填海面积变化、红树林面积变化、面源污染养殖区变化等则反映了生境多样性的情况。

（3）收集整理初级生产力的因子数据，主要是叶绿素的检测值。通过检测的叶绿素的值计算得到初级生产力。

（4）收集整理水质的因子数据：溶解氧、pH 值、盐度年变化、硅酸盐浓度、活性磷酸盐、无机氮、化学需氧量、生化需氧量。这 7 个水质指标值为常规检测指标值，可反映水质的基本状况。

（5）收集整理沉积物质量的因子数据：总有机碳含量、酸性硫化物、各种重金属（如汞、铜、锌、镉、铅、砷、石油类、铬）。沉积物质量也是常规沉积物检测因子，可反映沉积物状况。

（6）收集整理生物量的因子数据：浮游植物生物量、浮游动物生物量、底栖生物生物量。生物量因子主要是使用浮游植物、浮游动物、底栖生物计算的生物量来表征的。

（7）收集整理海产品质量的因子数据：底栖生物体内重金属（Hg）含量、底栖生物多氯联苯含量、砷 As（μg/g）、铬 Cd（μg/g）、底栖生物重金属（Pb）含量、底栖生物总石油烃含量。这 6 个指标因子为检测海产品污染状况的因子，数据可得到可收集。

（8）收集整理水调节功能的因子数据：钦江年径流量、茅岭江年径流量。考虑到钦州湾主要的入海河流为钦江、茅岭江，故使用其年径流量的变化情况去表征水调节功能状况。

（9）收集整理钦州湾文化服务功能因子数据：海洋旅游人次、旅游产值、海洋公园面积及等级。钦州湾的文化服务功能主要是滨海旅游等，所以，选择能表征滨海旅游的海洋旅游人次、旅游产值、海洋公园面积这几个指标因子来反映钦州湾文化服务功能。

（10）收集整理钦州湾社会服务功能因子数据：人口密度

（人/km^2）、人口增长率。能反映社会服务功能状况的可采用人口密度、人口增长率等。

（11）收集整理经济服务功能因子数据：人均 GDP、规模以上工业总产值、海洋产值/GDP 比重、港口吞吐量。能反映钦州湾经济服务功能的包括人均 GDP 的值，海洋产值在整个钦州湾 GDP 中的比重的上升或下降，钦州港港口吞吐能力的变化。

（12）收集整理钦州湾突发事件服务功能因子数据：溢油次数、溢油面积、风暴潮次数。突发事件包括台风、风暴潮、赤潮、溢油等。考虑到数据及实际情况本项目风暴潮次数来表征。

2.2.2 指标体系执行法规、技术标准、分类标准

1. 指标体系执行法规、技术标准

（1）《海水水质标准（GB 3097—1997)》。

（2）《海洋沉积物质量（GB 18668—2002)》。

（3）《海洋生物质量（GB 18421—2001)》。

（4）《广西海洋功能区划》。

（5）《广西北部湾经济区发展规划》。

（6）《海域使用管理标准体系》。

（7）《防治海洋工程建设项目污染损害海洋环境管理条例》。

（8）《造纸工业水污染物排放标准（GB 3544—1992）》。

（9）《船舶污染物排放标准（GB 3552—1983）》，《船舶工业污染物排放标准（GB 4286—1984）》。

（10）《海洋石油开发工业含油污水排放标准（GB 4914—1985）》。

（11）城镇污水处理厂污染物排放标准（GB 18918—2002）。

（12）对暂无评价标准的指标，以钦州湾生态系统的状态为评价基准值，假定该研究区生态系统的背景值为安全状态，并赋值为“1”。该背景值是根据具体的指标要素的特点来决定的，可取最大值、最小值、平均值等，其他各年与该基准值对比，偏离最少赋值 1（安全，评价指标为 0.75～1），偏离最大赋值 0（病态，评价指标值为 0～0.25），中间偏离情况划分为亚安全（评价指标值为 0.5～0.75）、不安全（评价指标值为 0.25～0.5）。

2. 指标体系要素分类确定

钦州湾指标体系要素分层如表 2-1 所示。

表 2-1　钦州湾指标体系要素分层

目标层（A）	准则层（B）	因素层（C）	次因素层（D）	要素层（E）
生态系统变化指数	生态系统结构	生物结构指数	物种多样性	1. 浮游植物多样性
				2. 浮游动物多样性
				3. 底栖生物物种多样性
		生境结构指数	生境多样性	4. 围填海面积变化
				5. 红树林面积变化

（续表）

目标层（A）	准则层（B）	因素层（C）	次因素层（D）	要素层（E）
生态系统变化指数	生态系统结构	生境结构指数	生境多样性	6. 面源污染养殖区变化
		支持服务指数	初级生产力	7. 初级生产力
			水质	8. 溶解氧
				9. pH 值
				10. 活性磷酸盐
				11. 无机氮
				12. 化学需氧量
				13. 生化需氧量
				14. 悬浮物
				15. 石油类
			沉积物质量	16. 有机碳
				17. 酸性硫化物
				18. 汞
				19. 铜
				20. 锌
				21. 镉
				22. 铅
				23. 砷
				24. 油类
				25. 铬
	生态系统服务功能	供应服务指数	生物量	26. 浮游植物生物量
				27. 浮游动物生物量
				28. 底栖生物生物量
			生物体污染物含量	29. 汞（Hg）
				30. 砷（As）
				31. 铬（Cr）
				32. 镉（Cd）
				33. 锌（Zn）

（续表）

目标层（A）	准则层（B）	因素层（C）	次因素层（D）	要素层（E）
生态系统变化指数	生态系统服务功能	供应服务指数	生物体污染物含量	34．铜（Cu）
				35．铅（Pb）
				36．石油烃
		调节服务指数	水调节功能	37．钦江的年径流量
				38．茅岭江年径流量
		文化服务指数	休闲娱乐功能	39．海洋旅游人次
				40．旅游产值
	生态系统压力	社会服务指数	社会服务功能	41．人口密度
				42．人口自然增长率
		经济服务指数	经济服务功能	43．钦州湾人均 GDP
				44．规模以上工业总产值
				45．港口吞吐量
		突发事件服务指数	突发事件服务功能	46．风暴潮次数

表 2-1 中要素因子分类标准如下。

（1）底栖生物多样性指数，采用 Shannon-weave 多样性指数（H）计算：

$$H = -\sum_{i=1}^{s}(n_i / N)\log_2(n_i / N) \qquad (2\text{-}1)$$

式中，S 为种数；n_i 为第 i 种类中的个体数，N 为总个体数。

标准化方法：Shannon-Weaver 多样性指数的值在 0～1 时，为生物结构差；1～3 时，为生物结构中；大于 3 时，为生物结构优良。本文选取 H=3 为标准值。

（2）河口及海湾生态系统生物评价指标分级标准如表 2-2 所示。

表 2-2　河口及海湾生态系统生物评价指标分级标准

序　号	指　标	Ⅰ	Ⅱ	Ⅲ
1	浮游植物密度 A（个/m^3）	50%A～150%A	10%A～50%A 或 150%A～200%A	<10%A 或 >200%A
2	浮游动物密度 B（个/m^3）	75%B～125%B	50%A～75%B 或 125%A～150%B	<50%B 或 >150%B
3	浮游动物生物量 C（mg/m^3）	75%C～125%C	50%A～75%C 或 125%A～150%C	<50%C 或 >150%C
4	鱼卵及仔鱼密度（个/m^3）	>50	5～50	<5
5	底栖动物密度 D（个/m^3）	75%D～125%D	50%A～75%D 或 125%A～150%D	<50%D 或 >150%D
6	底栖动物生物量 E（mg/m^3）	75%E～125%E	50%A～75%E 或 125%A～150%E	<50%E 或 >150%E
赋值		50	30	10

生物各项指标的计算公式为：

计算公式为：

$$P=\frac{\sum_{1}^{n}P_i}{n} \tag{2-2}$$

式中，P 为评价区域平均值，P_i 为第 i 个站位测量值，n 为评价区域监测站位总数。

（3）河口及海湾生态系统栖息地评价指标、要求与赋值如表 2-3 所示。

表2-3　河口及海湾生态系统栖息地评价指标分级标准表

序　号	指　标	Ⅰ	Ⅱ	Ⅲ
1	5年内滨海湿地生境减少	<5%	5%～10%	>10%
2	沉积物主要组分含量年度变化	<2%	2%～5%	>5%
赋值		15	10	5

滨海湿地分布面积减少值计算公式见式（2-3）。其中，SA为分布面积减少赋值；SA_{-5}为前5年的分布面积；SA_0评价时分布面积。

$$SA=\frac{SA_{-5}-SA_0}{SA_0}\times 100\% \tag{2-3}$$

沉积物主要组分含量年度变化赋值，计算公式如下：

$$SG=\frac{\sum_{1}^{n}SG_i}{n} \tag{2-4}$$

式中，SG为评价区域沉积物主要组分含量年度变化赋值；SG_i为第i个站位沉积物主要组分含量年度变化赋值；n为评价区域监测站位总数。

栖息地健康指数计算公式如下：

$$E_{\mathrm{indx}}=\frac{\sum_{1}^{q}E_i}{q} \tag{2-5}$$

当$5\leqslant E_{\mathrm{indx}}<10$时，栖息地不健康；当$10\leqslant E_{\mathrm{indx}}<15$时，栖息地亚健康；当$15\leqslant E_{\mathrm{indx}}<20$，栖息地健康。

（4）河口及海湾生态系统水环境评价指标、要求与赋值。

河口及海湾生态系统水环境评价指标分级标准表如表 2-4 所示。

表 2-4　河口及海湾生态系统水环境评价指标分级标准表

序　号	指　标	Ⅰ	Ⅱ	Ⅲ
1	溶解氧（mg/L）	>6	5～6	<5
2	盐度年变化	<3	3～5	>5
3	pH 值	7.5～8.5	7.0～7.5 或 8.5～9.0	<7.0 或>9.0
4	活性磷酸盐（μg/L）	<15	15～30	>30
5	无机氮（μg/L）	<200	200～300	>300
6	石油类（μg/L）	<50	50～300	>300
赋值		15	10	5

水环境每项评价指标，计算公式如下：

$$W_q = \frac{\sum_{1}^{n} W_i}{n} \tag{2-6}$$

式中，W_q 为第 q 项评价指标赋值；W_i 为第 i 个站位的第 q 项评价指标值；n 为评价区域监测站位总数。

水环境健康指数，计算公式如下：

$$W_{\text{indx}} = \frac{\sum_{1}^{m} W_q}{m} \tag{2-7}$$

式中，W_{indx} 为水环境健康指数；W_q 为第 q 项评价指标赋值；m 为评价区域评价指标总数；当 $5 \leqslant W_{\text{indx}} < 8$ 时，水环境为不健康；当

$8 \leqslant W_{\mathrm{indx}} < 11$ 时，水环境为亚健康；当 $11 \leqslant W_{\mathrm{indx}} < 15$ 时，水环境为健康。

（5）沉积物重金属污染风险指数如下所示：

$$\mathrm{ERI} = \sum K_i C_i / C_{io} \, (i = 1,2,3\cdots,n) \tag{2-8}$$

式中，C_i 为第 i 种污染物的实测浓度；C_{io} 为第 i 种污染物的标准浓度；n 为污染物种类；K_i 为第 i 种污染物的毒性危害系数，本项目中采用美国环保局公布的重金属毒性危害系数。

（6）水环境健康指数。

水环境每项评价指标得赋值，计算公式如下：

$$W_q = \frac{\sum_1^n W_i}{n} \tag{2-9}$$

式中，W_q 为第 q 项评价指标赋值；W_i 为第 i 个站位的第 q 项评价指数；n 为评价区域监测站位总数。

水环境健康指数计算公式如下：

$$W_{\mathrm{indx}} = \frac{\sum_1^m W_q}{m} \tag{2-10}$$

式中，W_{indx} 为水环境健康指数；W_q 为第 q 项评价指标赋值；m 为评价区域评价指标总数。

当 $5 \leqslant W_{\mathrm{indx}} < 8$ 时，水环境为不健康；当 $8 \leqslant W_{\mathrm{indx}} < 11$ 时，水环境为亚健康；当 $11 \leqslant W_{\mathrm{indx}} < 15$ 时，水环境为健康。

2.2.3 指标体系的数据标准化

由于监测站检测数据及资料查询的数据单位参差不齐，使得我们在判断时遇到了很多的问题，因而需要将所有的指标数据值转换为可以直接对比的数值。指标体系中各指标的类型复杂，且不同指标的量纲不同，为使评价指标具有可比性和可度量性，需对各评价指标的原始数据进行标准化处理，按正向指标和负向指标将原始数据无量纲归一化。

考虑到各指标评价值与指标实际监测值之间存在模糊隶属关系，因此，本项目结合模糊数学中的隶属度概念，参照相关文献设立评价标准（一般分为 4 级），采用模糊理论选择相应的隶属函数，计算指标对应标准的生态安全隶属度（取值变化范围为 0～1），然后根据操作指标的权重，利用加权计算获得具体隶属度值。

分析钦州湾生态安全评价指标因素值的特点，将其归纳为正向递增型、中间阶段型、反向递减型 3 个类型。

1. 正向递增型

正向递增型表示两者之间为正相关关系，指标实际获得值越高，对应评价值越高。对应的评价指标公式如下：

$$L = L_1 + \frac{(X - X_1)}{(X_2 - X_1)} \times (L_2 - L_1);\ \ L_1 < L_2, X_1 < X_2 \tag{2-11}$$

式中，L 表示某一指标的归一化处理赋值结果；X 表示该指标的实际值；X_1、X_2 表示该指标的两个标准参照值。标准的确定主要以国家、行业或地方规定的相关标准、科学研究共识、国内外发达地区现状值和研究区域背景值等因素为基准；L_1 表示点 X_1 对应的分值；L_2 表示点 X_2 对应的分值。

2. 中间阶段型

中间阶段型表示当某个指标的监测值达到最高值时，小于或大于这个值则分别呈现递增或递减变化；该种类型常常使用一段抛物线来描述。例如，在对港口吞吐量归一化评价处理时利用点(1.5，0.5)、(2.5，0.75)、(5.5，0.75)、(6.5，0.75)做出抛物线 $Y=-0.0625X^2+0.5X-0.1094$，港口吞吐量归一化评价值在 0.5～0.75 范围内变化时则为阶段型变化指标，如图 2-1 所示。

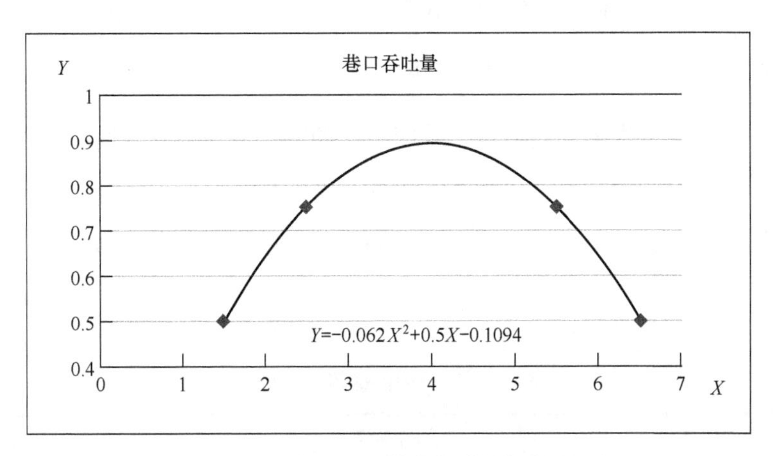

图 2-1　港口吞吐量阶段型抛物线图

该阶段型的指标可表示成抛物线函数，如下式：

$$Y=aX^2+bX-c \tag{2-12}$$

式中，X 为吞吐量值，Y 为对应的归一化处理评价值。参数 a、b、c 是由归一化评价的阶段点来确定的。

3. 反向递减型

反向递减型表示实际获得值和评价值之间为负相关关系，如下式：

$$L = L_2 + \frac{(X - X_2)}{(X_1 - X_2)} \times (L_1 - L_2);\ L_2 < L_1,\ X_1 < X_2 \qquad (2\text{-}13)$$

式中，L 表示某一指标的归一化处理的赋值结果；X 表示该指标的实际值；X_1、X_2 表示该指标的两个标准参照值，标准的确定主要以国家、行业或地方规定的相关标准、科学研究共识、国内外发达地区现状和研究区域背景值等因素为基准；L_1 表示点 X_1 对应的分值；L_2 表示点 X_2 对应的分值。

本项目根据钦州湾生态系统数据的特征及特点，采用综合评价法进行分析，评价结果分为 4 级，变化范围为 0～1，评价结果越高，说明越安全；反之，评价值越小，说明越不安全，如表 2-5 所示。

表 2-5　安全评价值等级划分表

安全等级				
等级	病态	不安全	亚安全	安全
值变化范围	$0 \leqslant I \leqslant 0.25$	$0.25 \leqslant I \leqslant 0.5$	$0.5 \leqslant I \leqslant 0.75$	$0.75 \leqslant I \leqslant 1$

2.3　钦州湾生态安全评价指标体系构建

一个安全的海湾生态系统应具有以下特征。

① 生物群落和生境结构稳定。

② 系统结构-功能等各要素之间搭配得当，和谐发展。

③ 支持服务、供应服务、调节服务、文化服务、社会服务、经济服务、突发事件服务等功能稳定，可以为人类的合理发展提供生态服务产品。

指标是表达系统特征或事件信息的集合，也是复杂事件和系统的信号或标志。指标的度量根据需要可以是定量的，也可以是定性的，它的目的是依据特定的属性，描述系统或现象的发展状况或特点、提示发展趋势、提供早期预警。其意义也超越了指标所包含的内容本身。指标选取的准确性及科学性是构建生态系统安全评价体系的基础和关键，其直接影响评价结果的准确性。因而，针对钦州湾生态系统的特点，在借鉴指标体系设置原则的基础上构建钦州湾生态系统安全评价指标体系时遵循以下 4 个原则。

1. 整体性原则

钦州湾生态系统是一个复杂的复合生态系统，不仅包括水域部分，还包括海岸带部分及陆地部分，并且人类活动对于生态系统的影响也是不能忽视的，因而评价指标体系中应包括整体特征的指标，能表征生态系统的特性。

2. 可操作性原则

指标在选取的时候应当考虑数据是否可以量化，是否可以直接得到评价结果，任何一个指标都是从数量方面来表征总体的。并且数据应考虑是否可以获得，必须充分考虑可行且具有较强的可操作性及可测度性。

3. 代表性原则

评价体系所选取的指标并不单单代表现象本身，而是某种现象的代表。选取的指标能够反映区域生态系统可持续发展的某个因素，能把一些范围较广的相关信息合成一个指标；同时指标能精确反映生态系统结构和功能的变化及趋势。早期预警指标和诊断性指标最有价值。

4. 系统性原则

评价指标体系须充分反映各方面因素的相互作用关系和整体状况，因而需要构建具有层次性的指标体系，从而能够系统、清晰地反映生态系统的状况，层次化的指标还可以将复杂的生态问题逐层分解剖析，将指标体系从复杂到简单层层剖析，进而能更清晰、更有条理地体现生态系统的健康状况。

2.3.1　钦州湾生态安全评价指标体系

钦州湾生态安全评价的指标体系是建立在涉及钦州湾生态系统各组成要素基础上的指标的集合，各指标具有时间、空间、层次、数量、属性等特点。因此，要分析复杂的生态系统的结构机理，有必要对指标体系进行层次分析。

依据上述所建立的原则，以钦州海湾生态系统结构和生态服务功能为主要评估内容，建立钦州湾生态系统安全评价指标体系，体系分解为 5 个层次：目标层、准则层、因素层、次因素层、要素层，各层安全评价指标如表 2-6 所示。

表 2-6　钦州湾生态系统安全评价指标体系

<table>
<tr><th rowspan="2">目标层（A）</th><th rowspan="2">准则层（B）</th><th rowspan="2">因素层（C）</th><th rowspan="2">次因素层（D）</th><th rowspan="2">要素层（E）</th><th>分类标准</th></tr>
<tr><th>（四级）</th></tr>
<tr><td rowspan="10">生态系统变化指数</td><td rowspan="10">生态系统结构</td><td rowspan="3">生物结构指数</td><td rowspan="3">物种多样性</td><td>1. 浮游植物多样性</td><td>国标</td></tr>
<tr><td>2. 浮游动物多样性</td><td>国标</td></tr>
<tr><td>3. 底栖生物物种多样性</td><td>国标</td></tr>
<tr><td rowspan="3">生境结构指数</td><td rowspan="3">生境多样性</td><td>4. 围填海面积变化</td><td>减少面积平均值</td></tr>
<tr><td>5. 红树林面积变化</td><td>面积变化平均值</td></tr>
<tr><td>6. 面源污染养殖区变化</td><td>养殖区变化面积</td></tr>
<tr><td rowspan="4">支持服务指数</td><td>初级生产力</td><td>7. 初级生产力</td><td>确定标准</td></tr>
<tr><td rowspan="3">水质环境</td><td>8. 溶解氧</td><td>国标</td></tr>
<tr><td>9. pH 值</td><td>国标</td></tr>
<tr><td>10. 活性磷酸盐</td><td>国标</td></tr>
</table>

（续表）

目标层（A）	准则层（B）	因素层（C）	次因素层（D）	要素层（E）	分类标准（四级）
生态系统变化指数	生态系统结构	支持服务指数	水质环境	11. 无机氮	国标
				12. 化学需氧量	国标
				13. 生化需氧量	国标
				14. 悬浮物	国标
				15. 石油类	国标
			沉积物质量	16. 有机碳	国标
				17. 酸性硫化物	国标
				18. 汞	国标
				19. 铜	国标
				20. 锌	国标
				21. 镉	国标
				22. 铅	国标
				23. 砷	国标
				24. 油类	国标
				25. 铬	国标
	生态系统服务功能	供应服务指数	生物量	26. 浮游植物生物量	平均数
				27. 浮游动物生物量	平均数
				28. 底栖生物生物量	平均数
			生物体污染物含量	29. 汞（Hg）	国标
				30. 砷（As）	国标
				31. 铬（Cr）	国标
				32. 镉（Cd）	国标
				33. 锌（Zn）	国标
				34. 铜（Cu）	国标
				35. 铅（Pb）	国标
				36. 石油烃	国标
		调节服务指数	水调节功能	37. 钦江的年径流量	历史平均数

（续表）

目标层（A）	准则层（B）	因素层（C）	次因素层（D）	要素层（E）	分类标准（四级）
生态系统变化指数	生态系统服务功能	文化服务指数	休闲娱乐功能	38. 茅岭江的年径流量	历史平均数
				39. 海洋旅游人次	增长率平均数
				40. 旅游产值	增长率平均数
	生态系统压力	社会服务指数	社会服务功能	41. 人口密度	人口密度增长率
				42. 人口自然增长率	自然增长率平均数
		经济服务指数	经济服务功能	43. 钦州湾人均 GDP	人均 GDP 年增长量
				44. 规模以上工业总产值	对数年增长率
				45. 港口吞吐量	年增长率的平均数
		突发事件服务指数	突发事件服务功能	46. 风暴潮次数	历史数据平均数

总评价指数为生态系统指数（*EHI*）。目标层评价指数有生态系统变化指数（*EVI*）、生态系统协调度指数（*ECI*）。准则层评价指数有生态系统结构（*EBI*）、生态系统服务功能（*ESI*）、生态系统压力（*EPI*）。因素层评价指数有生物结构指数（*BI*）、生境结构指数（*HI*）、支持服务指数（*SI*）、供应服务指数（*PI*）、调节服务指数（*RI*）、文化服务指数（*CI*）、社会服务指数（*WI*）、经济服务指数（*EI*）、突发事件服务指数（*EMI*）。后文将直接使用 *BI*、*HI*、*SI*、*PI*、*RI*、*CI*、*WI*、*EI*、*EMI* 分别表示各指数。

2.3.2 钦州湾生态安全指数的计算方法

1. 要素层指标分值计算

将钦州湾生态系统调查数据与标准参比值（或选定背景值）作比较，安全评价指标体系的要素层（E）中各要素指标分值作归一化处理。根据选定的因素指标对钦州湾生态安全指数的贡献程度，将钦州湾生态安全要素因子评价归一化处理并分为：①正向指标，即指标因子的数值越大对生态安全指数的影响越大；②反向指标，即指标因子的数值越大对生态安全指数的影响越小；③中间阶段变化性指标，即在某一区域内的变化为递增或者递减。对应计算如下。

（1）正向指标，该指标值的变化范围为0～1，计算公式如下：

$$L = L_1 + \frac{(X - X_1)}{(X_2 - X_1)} \times (L_2 - L_1);\ L_1 < L_2,\ X_1 < X_2 \quad (2\text{-}14)$$

（2）负向指标，即指标的生态效应随着指标数值的升高而降低，如（化学需氧量）计算公式如下：

$$L = L_2 + \frac{(X - X_2)}{(X_1 - X_2)} \times (L_1 - L_2);\ L_2 < L_1,\ X_1 < X_2 \quad (2\text{-}15)$$

（3）中间阶段型隶属度表示在某个指标监测值时达到最高值，小于或大于这个值则分别呈现递增型或递减型变化；该种类型常常使用抛物线来描述。该阶段型的指标可表示成抛物线函数 $Y = aX^2 + bX - c$。其中，X 为吞吐量值；Y 为对应的归一化处理评价值；参数 a、b、c 是由归一化评价的阶段点来确定的。

2. 生态安全变化度指数计算方法

钦州湾生态系统安全变化度指数及其所包含的准则层、因素层、次因素层和要素中各生态指数，即 EVI 和 BI，HI，……，CI 等，记为 EI，可以通过下式计算得出：

$$EI = \sum_{i=1}^{n} V_i W_i \tag{2-16}$$

式中，V_i 是第 i 项指标要素值，W_i 是第 i 项指标权重值，n 是指标数。运用层次分析法（AHP）来确定生态系统安全指标权重。主要依据海水水质（GB 3097—1997）、海洋沉积物质量（GB 18668—2002）、海洋生物质量标准（GB 18421—2001）来确定安全分级阈值。对暂无行业评价标准的指标，假定研究区域生态系统的背景值为健康状态，根据不同的指标因素将该类指标因素的平均值、最大值、最小值等设为背景值，并赋值为 1。根据与安全健康标准的距离，EI 数值变化范围从最差（0）到最好（1），当其数值从 0、0.25、0.5、0.75 变化到 1 时，相应的生态系统健康状态被划分为病态、不安全、亚安全、安全 4 个等级。相应的生态系统安全被划分为病态（$0 \leqslant EI \leqslant 0.25$）、不安全（$0.25 \leqslant EI \leqslant 0.5$）、亚安全（$0.5 \leqslant EI \leqslant 0.75$）、安全（$0.75 \leqslant EI \leqslant 1$）4 个等级。如表 2-7 所示。

表 2-7　安全等级分级表

等级	病态	不安全	亚安全	安全
值变化范围	$0 \leqslant EI \leqslant 0.25$	$0.25 \leqslant EI \leqslant 0.5$	$0.5 \leqslant EI \leqslant 0.75$	$0.75 \leqslant EI \leqslant 1$

3. 生态安全变化度指数的权重确定方法

生态系统变化度指数采用同层等权重法来确定。同层等权重是指一个指数中的各组成指标所占比重一样。生态系统变化指数（*EVI*）包含因素层（C）、次因素层（D）、要素层（E）3个层次，给每个指数的子层次所包括的指数赋予相同权重，即 C_1、C_2、…、C_n 权重相等，D_1、D_2、…、D_n 的权重相等，由于不同类型生态服务功能对生态系统的贡献差异还不尽明确，等权重在一定程度上可以避免主观因素带来的评价偏差；每个指数的子层次所包括的指数被认为是同等重要的，即各安全健康子目标可以是平行发展的。采取等权重指标可能会剔除权重对测度生态系统协调度的影响。

4. 生态安全协调度指数计算方法

钦州湾生态系统协调度指数是指生态系统各组分、结构、功能服务之间的差异程度指数。系统协调程度主要用变异系数、序参量功效函数、模糊隶属函数、灰色系统理论和子系统变化率等方法进行测度。本项目采用变异系数协调度定量评价生态系统结构与功能的相互作用。变异系数（Coefficient of Variation，CV）又称离散系数，是标准差与平均数的比值。变异系数是衡量生态安全指标各观测值分散变异程度的统计量，可以反映单位均值上的离散程度。假定某一时刻（年）表示生态系统健康状态的要素有 n 个指标，变异系数计算公式如下：

$$CV = \frac{\sigma}{\bar{x}} \times 100\% \tag{2-17}$$

式中，$\sigma=\sqrt{\dfrac{\sum_{i=1}^{n}(x_i-\bar{x})^2}{N}}$ 为标准差；$\bar{x}=\dfrac{1}{N}\sum_{i=1}^{n}x_i$ 为平均值。其中，x_i 为第 i 项要素值。

钦州湾生态系统安全评价指标体系中，用来表达生态系统结构和服务功能指数的有生物结构指数、生境结构指数、支持服务指数、供应服务指数、调节服务指数、文化服务指数、社会服务指数、经济服务指数、突发事件服务指数，共 9 个。用式（2-3）计算这 9 个指数之间的离散系数，其数值范围一般为 0～1。离散系数（*CV*）越大，说明生态服务功能之间的差距越大，生态安全协调性较低。钦州湾生态安全协调度指数采用下式计算。

$$ECI=1-CV \tag{2-18}$$

该生态系统协调度指数变化范围一般为 0～1。该计算公式表明协调度指数越高（越接近 1），生态系统各个因素层内指标间的差距越小，相互制约作用越小，协调状态相对越好；协调度指数越低（越接近 0），生态系统协调状态越差。

5. 生态系统安全指数计算方法

钦州湾生态系统安全指数为生态系统变化指数与生态系统协调度指数的乘积，计算公式如下：

$$EHI=EVI\times ECI \tag{2-19}$$

式中，*EHI* 为生态安全指数，*EVI* 为生态安全变化指数，*ECI* 为生态安全协调度指数。

第3章　钦州湾生态系统变化指数分析

3.1　钦州湾生态系统结构安全评价

3.1.1　钦州湾生物结构安全评价

钦州湾生物结构是按照物种多样性来评价的。根据数据和建立的评价体系将生物结构分成浮游植物多样性、浮游动物多样性、底栖生物多样性。

1. 浮游植物多样性

2010年4月，在钦州湾港口工业与城镇用海区和旅游休闲娱乐区的海洋调查中共鉴定出浮游植物43种，浮游植物群落组成以硅藻为主，有39种，占总种数的90.7%；另有甲藻两种（叉状角藻和具刺膝沟藻）、蓝藻两种。以优势度Y>0.02认定优势种，得出该海域浮游植物群落的优势种有3种：中肋骨条藻、丹麦细柱藻和鞋形隐藻，Y值分别为0.599、0.165和0.035，三者分别占总细胞数的59.9%、19.5%和3.5%。2010年6月，在钦州湾外湾养殖区和钦州湾外海保护区采集到浮游植物共4类64种，以硅藻种类为最多，有57种，占总种数的89.06%。甲藻门有5种，蓝藻门和着色鞭毛藻门各有一种。种类出现较多的属为角毛藻属、圆筛藻属和菱形藻属，其中角毛藻属20种，圆筛藻属6种，菱形藻属6种。浮游植物多样性指数范围为0.65～2.98，平均为2.11。

2011年6月至2012年4月，在钦江入海口、茅岭江入海口、茅尾海东部农渔业区和休闲娱乐区4个航次调查共鉴定出浮游植物62属133种，其中硅藻门种类最多，共45属111种，占总种类数的83.5%；甲藻门5属10种，占总种类数的7.5%；蓝藻门6属6种，占总种类数的4.5%；金藻门3属3种，占总种类数的2.2%；绿藻门2属2种，占总种类数的1.5%；裸藻门1种，占总种类数的0.8%。以优势度*Y*大于0.015为判断标准，夏季（2011年6月）浮游植物优势种为中肋骨条藻（Skeletonema costatum）、颗粒直链藻（Melosira granulata）、拟弯角毛藻（Chaetoceros pseudocurvisetus）、窄隙角毛藻（C.affinis）和琼氏圆筛藻（Coscinodiscus jonesianus）。秋季（2011年10月）浮游植物优势种为球形棕囊藻（Phaeocystis globosa），调查中发现球形棕囊藻存在小型单细胞和大型囊泡两种形式。球形棕囊藻细胞直径约3μm，丰度为1.23×10^8～1.11×10^9 cell/m^3，平均丰度为4.97×10^8cell/m^3，占浮游植物总丰度的99.7%。根据《赤潮监测技术规程》和安达六郎提出的赤潮生物个体与生物量标准，茅尾海球形棕囊藻细胞密度已经接近10^{10}cell/m^{3}的赤潮标准。冬季（2012年1月）浮游植物优势种为翼根管藻纤细变型（Rhizosolenia alataf. gracillima）和中肋骨条藻，其优势度分别为0.697和0.075，平均丰度分别为123.31×104cell/m^{3}和20.04×

104cell/m^3，分别占海域浮游植物平均丰度的74.3%和12.1%，合计占海域浮游植物丰度的86.4%。春季（2012年4月）浮游植物优势种为中肋骨条藻、翼根管藻纤细变型和尖刺菱形藻（Nitzschia pungens），其优势度为0.019～0.211，平均丰度范围为1.35×104～13.10×104cell/m^3，占海域浮游植物平均丰度的2.5%～24.1%，合计占海域浮游植物丰度的38.6%。4个航次各调查站位浮游植物种类数（S）变化范围为5～46种，秋季和冬季站位种类数相对高于夏季和春季。秋季由于球形棕囊藻丰度已经接近赤潮标准，Shannon-wienver多样性指数和Pielou均匀度指数（J）处于异常水平，其他3个季节平均多样性指数和均匀度指数范围分别为1.53～2.53和0.44～0.86，两者均是夏季和春季稍高于冬季。总体而言，茅尾海浮游植物多样性一般。

2013年5月，在钦州湾港口工业与城镇用海区监测到的浮游植物类型有甲藻，包括梭角藻、大角角藻和具尾鳍藻，密度分别为8100ind/m^3、4050ind/m^3、40500ind/m^3；硅藻类包括翼根管藻、距端根管藻、布氏双尾藻和柔弱根管藻，密度分别为4050ind/m^3、4050ind/m^3、4050ind/m^3、28350ind/m^3，根据Shannon-wienver多样性指数计算所得多样性指数为2.14。2013年8月，在钦州湾港口工业与城镇用海区监测到的浮游植物类型甲藻只包括具尾鳍藻，密度为3569ind/m^3，而硅藻类包括美丽漂流藻、秘鲁角毛藻、琼氏圆筛藻、中肋骨条藻、中华盒形藻、佛氏海毛藻，其中，中华盒形藻密度最小，为3569ind/m^3；而密度最大的中肋骨条藻值高达132062ind/m^3，最后根据Shannon-wienver多样性指数计算所得多样性指数为1.61。

2. 浮游动物多样性

2010年4月，在港口工业与城镇用海区和旅游休闲娱乐区的海洋调查中共鉴定出终生浮游动物40种和阶段性浮游幼体7个类群。其中，桡足类最多，共18种，占总种数的45.0%；其次是水母类，共9种，占总种数的22.5%；毛颚类6种；樱虾类3种；枝角类2种；介形类和被囊动物各1种。浮游动物群落的优势种有8种，其中肥胖箭虫的优势度最高，其次为小刺拟哲水蚤。肥胖箭虫和小刺拟哲水蚤是广温广盐类群，对温度和盐度的适应范围较广。刺尾纺锤水蚤和火腿伪镖水蚤为河口类群，其余3种为近岸类群。2010年6月，在钦州湾外湾养殖区和钦州湾外海保护区进行浮游动物调查中共鉴定出15大类54种（包括浮游幼虫），其中桡足类14种，腔肠动物11种，樱虾类5种，毛鄂动物5种，枝角类3种，游幼虫3种，多毛类2种，磷虾类2种，被囊动物2种，轮虫类1种，原生动物1种，糠虾类1种，软体动物1种，等足类1种。调查海区浮游动物的密度变化为55～286 ind/m^3，平均密度为124ind/m^3。桡足类、腔肠动物、樱虾类和桡足类总量占优势，浮游动物生物量与总密度分布趋势不完全相同，主要是浮游动物种类组成和个体大小所造成的。调查海区浮游动物多样性指数平均值为2.67，种群多样性指数均处于正常状态，种群数量分布相对均匀，群落结构稳定。调查海域浮游动物均匀度平均值为0.79，说明浮游动物的种间个体数分布均匀。

2011年6月至2012年4月，在钦江入海口、茅岭江入海口、茅尾海东部农渔业区和旅游休闲娱乐区4个航次调查共鉴定浮游动物104种（类），分属17个不同类群，即原生动物、水螅水母类、栉水母类、枝角类、桡足类、端足类、磷虾类、糠虾类、长臂虾类、涟虫类、介形类、十足类、翼足类、毛颚类、有尾类、海樽类和浮游幼虫。其中，桡足类出现种类最多，有44种；其次为浮游幼虫，有12种；毛颚类出现10种，列第3位。调查海域优势种组成较为复杂，4个航次调查先后有9种浮游动物成为优势种（以优势度 $Y \geqslant 0.015$ 为标准），各航次间优势种组成更替较显著，秋、冬季主要优势种的优势地位均较为显著，夏、春季则不然。9个优势种中未出现周年优势种，仅红住囊虫（Oikopleura rufescens）在3个航次中成为优势种，鸟喙尖头溞（Penilia avirostris）和刺尾纺锤水蚤（Acartiaspinicauda）在两个航次调查中成为优势种；其他种均为1个航次的优势种。4个航次中，2011年10月浮游动物的优势种组成最为复杂，优势种有5种，刺尾纺锤水蚤优势度最高；其次是2011年6月，有4个主要优势种，刺尾纺锤水蚤优势度最高，但优势度不是很突出；2012年1月只有两种浮游动物为优势种，且鸟喙尖头溞的优势度相当突出；2012年4月浮游动物优势种也只有两种，但优势度差异不明显。调查期间，调查海域浮游动物多样性指数均值变化范围为2.25～3.44，全海域平均为3.07。2011年10月多样性指数最高，2012年1月次之，2011年6月多样性指数最低。根据陈清潮等（1994）提出的浮游动物多样性程度评价标准对茅尾海浮游动物的多样性进行评价，4次调查海域多样性阈值的均值变化范围为1.63～2.84，多样性水平变化较大。其中，除2011年6月多样性程度属

III 类水平，即多样性较好外，其余 3 次调查的多样性程度均属 II 类水平，多样性丰富。

2013 年 5 月，在钦州湾港口工业与城镇用海区监测到的大型浮游动物总生物量为 522.7mg/m^3，共计 7 类 17 种，包括枝角类、桡足类、磷虾类、毛颚动物、被囊动物、介形类、浮游幼虫，合计 473ind/m^3，其中桡足类出现种类最多，有 7 种，小哲水蚤和小拟哲水蚤密度达 70ind/m^3，长角海羽水蚤密度为 60ind/m^3，调查海域总体多样性指数为 3.42。2013 年 8 月，在钦州湾港口工业与城镇用海区监测到的大型浮游动物总生物量为 152mg/m^3，共计 7 类 19 种，包括腔肠动物、栉水母、枝角类、桡足类、樱虾类、毛颚动物和浮游幼虫，合计 229ind/m^3，其中桡足类出现种类最多，有 6 种，刺尾纺锤水蚤密度达 165ind/m^3，调查海域总体多样性指数为 0.73。

3. 底栖生物多样性

2010 年 4 月，在港口工业与城镇用海区和旅游休闲娱乐区的海洋调查中共鉴定出底栖生物 6 门 29 种，其中环节动物多毛类 8 种、星虫动物 1 种、软体动物 12 种、节肢动物甲壳类 6 种、棘皮动物 1 种和脊索动物 1 种。在种群水平上，有两个种群累积个体数占总个体数的比例超过 10%，即艾氏活额寄居蟹和背蚓虫，分别占总数的 12.7%和 10.9%。2010 年 6 月，在钦州湾外湾养殖区和钦州湾外海保护区的底栖动物调查中，经鉴定共检出 5 类 18 种，其中环节动物 7 种，软体动物 6 种，节肢动物两种，棘皮动物两种，脊索动物 1 种。底栖动物的生物量范围为 0.2～70.5g/m^3，平均为 19.07g/m^3，底栖生物量组成中以环节动物为主，其次为软体动物。底栖生物的密度为 20～170ind/m^3，平均为 74ind/m^3。

2011 年 6 月至 2012 年 4 月，在钦江入海口、茅岭江入海口、茅尾海东部农渔业区和旅游休闲娱乐区 4 个季度航次底栖生物调查所获标本经鉴定共有 74 种，其中环节动物 25 种，软体动物 22 种，甲壳动物 19 种，棘皮动物 5 种，星虫动物 3 种。前 3 类底栖生物构成了该调查海域大型底栖生物的主要类群。底栖生物出现种数以夏季最丰富（48 种），其次是冬季（41 种）和秋季（40 种），春季最少（32 种），除去春季，各季节种群数目相对稳定。各季节底栖生物出现种数均为多毛类环节动物>软体动物>甲壳动物>棘皮动物>其他类群。从底栖生物出现种数空间分布情况看，湾口底栖生物出现种数季节变化范围为 11～20 种，周年出现 42 种；中部海域底栖生物的季节变化范围为 9～20 种，周年出现 42 种；而河口底栖生物的季节变化范围为 24～28 种，周年出现 45 种。可见，湾口和中部海域的底栖生物出现种数季节波动比河口大。周年及四季河口出现种数一般多于其他区域，且多出现的种类主要是多毛类环节动物和软体动物。调查海域周年及 4 个季度底栖生物在湾口、中部海域和河口底栖生物平均生物量变化范围分别为 7.33～356.9g/m^2、9.08～123.45g/m^2 和 3.58～85.86g/m^2，平均个体数量变化范围分别为 33.32～374.85ind/m^2、66.64～450.09ind/m^2、74.97～800.16ind/m^2，季节变化明显。湾口底栖生物夏季的平均生物量水平最高，达 130.72g/m^2，但其个体数量不是最多，只有 213.38ind/m^2，软体动物（铲形胡桃蛤）

占优势，其次为多毛类动物；而秋季的平均个体数量最多为 262.55ind/m^2，多毛类环节动物数量增多。中部海域底栖生物冬季平均生物量水平最高，达 53.92g/m^2，软体动物的个体数目较多；而夏季平均个体数量最多为 262.55ind/m^2，多毛类环节动物的生物量较高。河口底栖生物夏季平均生物量水平最高，达 55.68g/m^2。秋、冬和春三季的生物量相对比较低，秋季平均个体数量最多为 330.82ind/m^2。从底栖动物数量的空间分布来看，除春季中部海域平均生物量比湾口高外，其他季节的平均生物量均是湾口区明显高于其他区域，而个体数量恰恰相反，河口底栖生物个体数量要普遍高于其他区域。因而茅尾海底栖生物从湾口到河口其栖息种有小型化的趋势，即越靠近河口，其底栖生物的种类越是呈现小型化。从底栖动物各类群生物量和个体数量组成的季节变化来看，各季节底栖动物生物量均是软体动物最高，一般占 40%以上，其次是多毛类和甲壳类；各季节底栖动物个体数量百分组成均是多毛类最高，一般占 30%以上，软体动物和甲壳动物次之，不超过 30%；棘皮动物和星虫动物均为最低，只在各别站位和区域出现。茅尾海底栖生物主要由软体动物和多毛类环节动物组成，软体动物在生物量上占据主要优势，而多毛类环节动物在数量上占据主要优势。周年 4 个航次调查的底栖生物多样性指数均大于 1，湾口区平均生物多样性指数略低于中部海域和河口，而中部海域的生物多样性指数要高于湾口和河口。尽管湾口和河口分别处于河口和内湾、内湾和外湾的交界处，有着明显的边缘效应，应表现出较高的生物多样性，但调查结果显示中部海域是茅尾海底栖生物多样性指数最高的区域，这是因为其是河口生态系统与湾口生态系统之间的缓冲区，拥有更为显著的边缘效应。从生物多样性指数的季节特征来看，调查海域底栖生物夏季的生物多样性要高于其他季节，而湾口和河口的秋季底栖生物多样性指数最低。

2013 年 5 月，在钦州湾港口工业与城镇用海区调查并统计得到大型底栖动物生物量共计 26.2g/m^2，包括角海蛹、太平洋拟节虫、波纹巴非蛤、光滑倍棘蛇尾，密度范围为 10～20ind/m^2，生物多样性指数为 1.92。2013 年 8 月，在钦州湾港口工业与城镇用海区调查并统计得到大型底栖动物生物量共计 6.7g/m^2，包括双唇索沙蚕、从生树蛰虫、洼颚倍棘蛇尾，密度范围为 10～20ind/m^2，生物多样性指数为 1.5。钦州湾 2004—2013 年生物多样性评价指标值，如图 3-1 所示。

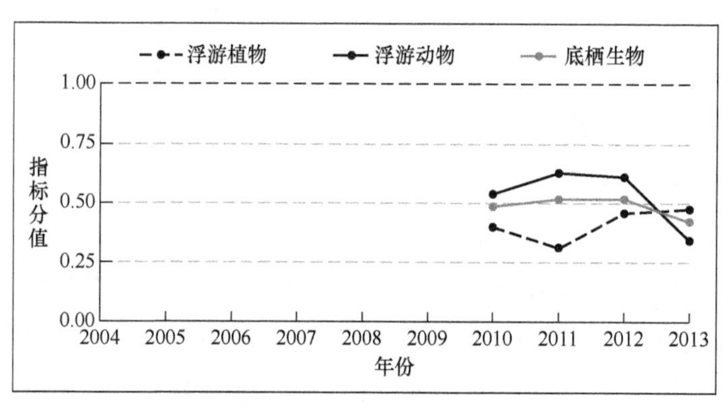

图 3-1　生物多样性评价指标值

从图 3-1 中可以看出，浮游植物的指标分值处于 0.25～0.5，也就是处于不安全状态，其中，2011 年安全指标值为 0.3，可能与球形棕囊藻丰度已经接近赤潮标准有关，且为绝对的优势种，浮游植物多样性指数较低；随后安全指数值呈现上升的趋势，表明浮游植物多样性指数增加，这可能与浮游动物的数量减少，对浮游植物的摄食压力减小有关。

浮游动物的指标分值在 2012 年之前处于亚安全的范围内，即处于 0.5～0.75；在 2013 年下降为不安全的范围，即处于 0.25～0.5。说明 2013 年浮游动物的多样性发生了一个大的改变，多样性指数下降，这从 2010—2013 年这段时期内有关浮游动物调查的资料中也可以看出。

底栖生物的变化趋势类似于浮游动物的变化趋势，但是总体指标分值介于浮游植物和浮游动物之间，说明底栖生物的变化程度较为稳定，在亚安全和不安全之间波动，在 2013 年随着环境的变化，生物多样性有所下降。

3.1.2　钦州湾生境结构安全评价

生境多样性采用围填海面积竣工减少面积来评价。数据来自钦州市海洋局，采用 2007—2013 年围填海面积变化的减少面积平均值 230 公顷作为基准值，具体数据如表 3-1 所示。设置减少的年围填海面积小于 100 公顷为安全，设置减少的年围填海面积在 100～230 公顷范围内为亚安全，设置减少的年围填海面积在 230～300 公顷范围内为不安全，设置减少的年围填海面积大于 300 公顷为病态。

表 3-1　2007—2013 年围填海减少面积

年份	围填海面积（公顷）	安全	亚安全	不安全	病态	评价指标值
2007	92.46	0.82				0.82
2008	300.75				0.24	0.24
2009	178.47		0.65			065
2010	272.73			0.40		0.40
2011	503.21				0.00	0.00
2012	76.39	1.00				1.00
2013	238.96			0.28		0.28

钦州湾红树林面积的变化及红树林树种结构的变化也是一个重要的指标因素。

1. 钦州红树林面积变化情况

钦州市现有红树林面积为 4586.7 公顷，包括天然红树林 2632.45 公顷，人工红树林 1954.25 公顷。有红树植物 12 科 17 种，占全国红树种类的 43.2%，占广西区红树种类的 69.6%，主要品种有老鼠簕、白骨壤、桐花树、秋茄、海漆、木榄、红海榄、无瓣海桑等。其中，珍稀红树林植物有爵床科的老鼠簕，濒危树种有红树科的木榄和红海榄。

人工种植情况如下：2000—2009 年，红海榄、木榄、秋茄、桐花树、白骨壤、无瓣海桑等红树林 1666.7 公顷，其中，无瓣海桑 560 公顷。2010—2013 年造林 287.55 公顷，主要分布在康熙岭镇、尖山镇、大番坡镇、犀牛脚镇、东场镇、那丽镇及钦州港的沿海滩涂。

2. 树种结构情况

红树林的变化树种主要有 3 种。一种是无瓣海桑，目前，共有人工种植的 560 公顷，但近年来，由于该树种是外来树种，所以除了原来种植的，2010 年以后，不再种植该树种。另外两个树种是桐花和秋茄，近几年所种的都是这两个树种，所以这两个树种的面积是有所增加的。

但是考虑到统计红树林面积变化情况的周期较长，根据钦州市林科所的数据资料，将钦州湾红树林面积变化率纳入评价指标体系中。在评价指标体系中重点采用钦州湾围填海面积变化情况来评估，图 3-2 所示为钦州湾 2004—2013 年围填海面积变化评价指标值。

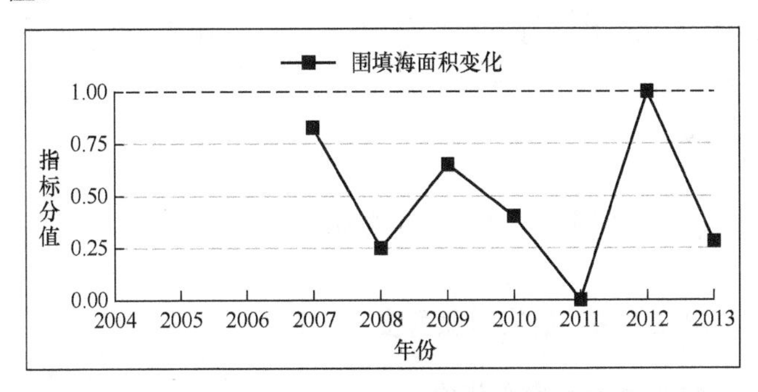

图 3-2　钦州湾 2007—2013 年围填海面积变化评价指标值

由图 3-2 可知，2007 年，生境结构安全评价指标分值为 0.82，处于安全状态范围内（0.75～1.00），当年围填海面积减少小于 100 公顷。2008 年，竣工的围填海面积大幅增加，使得安全评价指标分值下降为 0.249，在病态状态范围内，该段时期是北部湾大开发的初期。2009 年，评价指标分值回升到 0.65，处于亚安全状态，当年围填海竣工面积减少了178.47公顷；2010年和2011年围填海竣工面积大幅增加，到2011年达到了503.21公顷，评价指标分值下降为0，处在病态状态范围内（0～0.25），评价指标体系采用历史最大的围填海竣工面积值为基准值0，该时期正好是北部湾大开发用海工程项目集中完工时间。2012年，围填海竣工面积减小到76.39公顷，对应的评价指标分值为1，处在安全的状态范围内，本评价指标体系采用历史最小的围填海竣工面积值为基准值1。2013年的围填海竣工面积为238.96公顷，评价指标分值为0.28，下降到不安全状态范围内。从整个生境结构评价指标因素变化情况来看，2008年之前生境结构状态较好；2008—2011年，由于北部湾大开发对工业用海需求急剧增加导致了生境结构状态急剧下降；随后围填海项目减少，生境结构状况有所改善，但2013年围填海竣工面积增大，使得评价指标分值大大改善。

3.1.3 钦州湾支持服务安全评价

1. 钦江入海口区支持服务安全评价

1）初级生产力安全评价

初级生产力安全评价指标体系中初级生产力采用叶绿素检测值来计算，计算公式为$\frac{cha\times 3.7\times 9\times 10}{2}$，其中$cha$为叶绿素含量。图3-3所示为钦州湾钦江入海口区2004—2013年初级生产力评价指标值图。

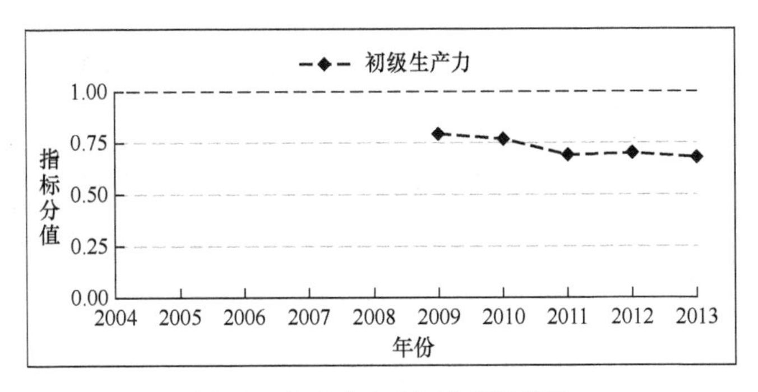

图 3-3　初级生产力评价指标值图

钦州湾钦江入海口区叶绿素监测数据缺失，因此，采用靠近该水域的茅尾海东部农渔业区的初级生产力评价数据进行替代。整体来看，2009—2010 年评价指标分值分别为 0.79、0.76，处于安全范围内（0.75～1.00），叶绿素含量平均值为 3.16μg/L，变化范围为 1.82～6.32μg/L，初级生产力平均值为 450.26 mg・C/m^2・d，变化范围为 302.46～582.42mg・C/m^2・d；2011—2013 年叶绿素含量平均值为 2.79μg/L，变化范围为 1.00～4.03μg/L，初级生产力平均值为 439.78 mg・C/m^2・d，变化范围为 199.8～670.66mg・C/m^2・d，估算出的初级生产力指标分值处于亚安全范围内。

2）水质安全评价

水质安全评价指标体系中选取影响钦州湾水环境质量的指标为溶解氧、pH 值、活性磷酸盐、无机氮、化学需氧量、生化需氧量、悬浮物、石油类。图 3-4 所示为溶解氧、pH 值、活性磷酸盐、无机氮评价指标值，图 3-5 所示为化学需氧量、生化需氧量、悬浮物、石油类评价指标值。

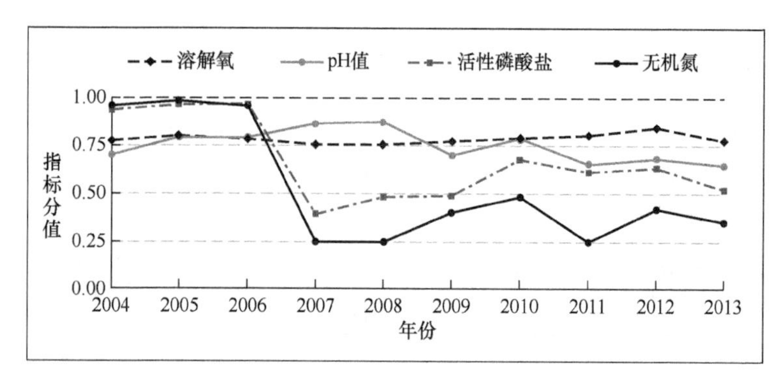

图 3-4　溶解氧、pH 值、活性磷酸盐、无机氮评价指标值

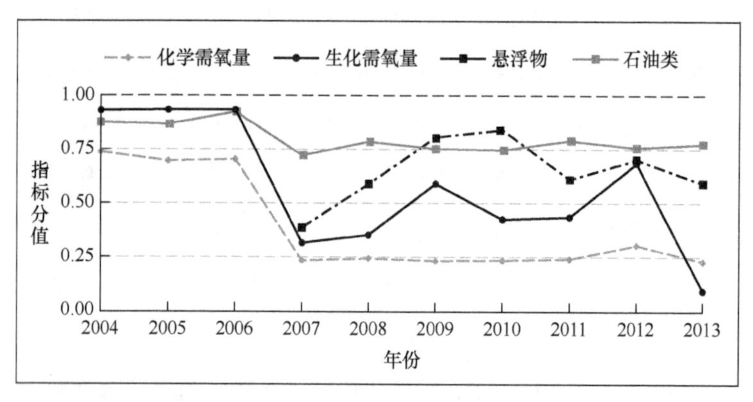

图 3-5　化学需氧量、生化需氧量、悬浮物、石油类评价指标值

（1）溶解氧。调查水域水体中 *DO* 值的变化范围为 6.95～7.95mg/L，平均为 7.46mg/L，各年度差别不大。*DO* 的安全指标分值 2004—2013 年处于安全的范围内，即处于 0.75～1.00，最小值为 0.751，最大值为 0.844。

（2）pH 值。调查水域 pH 值变化范围为 7.08～7.98，平均值为 7.54。pH 值的安全指标分值在 2005—2008 年处于安全范围内，即处于 0.75～1.00；2011—2013 年处于亚安全的范围内，即处于

0.5～0.75；从整体来看，2004—2008 年处于上升趋势，2008—2013 年处于下降趋势。

（3）活性磷酸盐。调查水域水体活性磷酸盐浓度在 2004—2006 年达到一类海水水质标准（<0.015mg/L），即其安全指数分值处于安全范围内（0.75～1.00）；活性磷酸盐浓度在 2007—2009 年处于三类海水水质标准（0.03～0.45 mg/L），即其安全指数分值处于不安全范围内（0.25～0.50）；活性磷酸盐浓度在 2010—2013 年处于二类海水水质标准（0.0015～0.03 mg/L），即其安全指数分值处于亚安全范围内（0.50～0.75）。

（4）无机氮。调查水域无机氮浓度在 2004—2006 年达到一类海水水质标准（<0.2mg/L），即其安全指数分值处于安全范围内（0.75～1.00）；无机氮浓度在 2007 年、2008 年和 2011 年处于四类海水水质标准（>0.5 mg/L），平均值为 1.44mg/L，即其安全指数分值处于病态范围内（0.00～0.25）；无机氮浓度在 2009 年、2010 年、2012 年和 2013 年处于三类海水水质标准（0.35～0.5 mg/L），即其安全指数分值处于不安全范围内（0.25～0.50）。

（5）化学需氧量。调查水域海水 *COD* 安全指标分值在 2004—2006 年处于亚安全范围内（0.5～0.75）；2007—2013 年处于病态范围内（0～0.25），超过四类海水水质标准（>5mg/L），这主要是由于大部分调查点位于排污口，浓度变化范围为 16.4～87.4mg/L，平均值为 27.39mg/L。此类站点按照污水排放标准（GB 8978—1996）属于达标的浓度，但是其直接排放到了邻近的海水中，造成了海水 *COD* 值偏高，因此，把该海域定义为病态区域。

（6）生化需氧量。调查水域海水 *BOD* 安全指标分值在2004—2006年处于安全范围内（0.75～1.00）；2007年、2008年、2010年、2011年处于亚安全范围内（0.5～0.75）；2009年和2012年处于不安全范围内（0.25～0.5）；2013年处于病态范围内（0～0.25），海水 *BOD* 平均值为6.7mg/L，超过四类海水水质标准（>5 mg/L）。

（7）悬浮物。整体来看，调查水域悬浮物安全指标分值从2007—2010年呈现增加的趋势，也就是水体中悬浮物浓度呈现减小的趋势；而2011—2013年呈现减小的趋势，也就是水体中悬浮物浓度呈现增加的趋势，2011年、2012年、2013年海水中悬浮物浓度为21.11mg/L、27.03mg/L、39.05mg/L，处于亚安全范围内。

（8）石油类。从整体来看，调查水域石油类安全指标分值在2004—2012 年期间保持在安全范围内，即处于 0.75～0.10，2007年之前数值波动较大，2007年之后基本保持稳定状态，符合第一、二类水质，石油类在水体中的浓度小于0.05mg/L。

图 3-6 所示为钦江入海口区历年水质安全的关键制约因子，从2004—2013年水质安全要素因子评价指标值的变化情况来看，制约水质安全的关键因子为生化需氧量、无机氮、化学需氧量。但是，从每年影响水质安全关键因子的情况来看，关键因子有波动，是一个动态的变化过程。2004年影响水质安全的关键制约因子为溶解氧、化学需氧量、pH值；2005年影响水质安全的关键制约因子为溶解氧、pH值、化学需氧量；2006年影响水质安全的关键制约因子为 pH 值、溶解氧、化学需氧量；2007 年影响水质安全的关键制约因子为生化需氧量、无机氮、化学需氧量；2008 年

影响水质安全的关键制约因子为生化需氧量、无机氮、化学需氧量；2009 年影响水质安全的关键制约因子为活性磷酸盐、无机氮、化学需氧量；2010 年影响水质安全的关键制约因子为无机氮、生化需氧量、化学需氧量；2011 年影响水质安全的关键制约因子为生化需氧量、无机氮、化学需氧量；2012 年影响水质安全的关键制约因子为活性磷酸盐、无机氮、化学需氧量；2013 年影响水质安全的关键制约因子为无机氮、化学需氧量、生化需氧量，具体如表 3-2 所示。

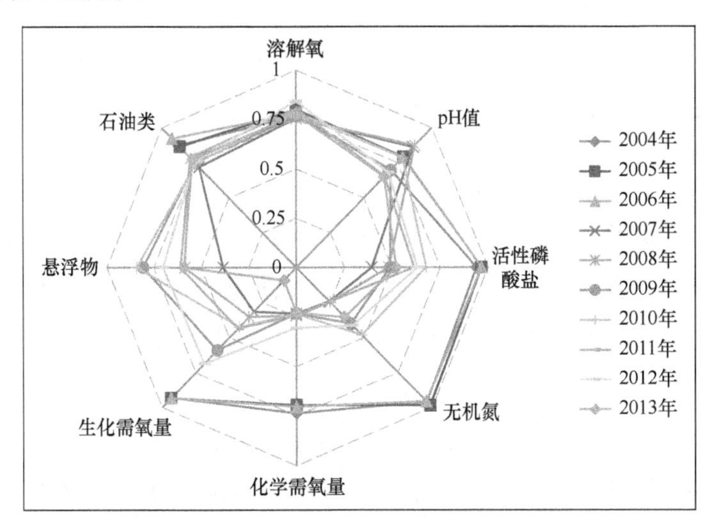

图 3-6 钦江入海口区历年水质安全的关键制约因子

表 3-2 钦江入海口区水质安全关键制约因子表

年份	关键制约因子		
2004	化学需氧量	溶解氧	pH 值
2005	化学需氧量	溶解氧	pH 值
2006	化学需氧量	溶解氧	pH 值

（续表）

年份	关键制约因子		
2007	化学需氧量	无机氮	生化需氧量
2008	化学需氧量	无机氮	生化需氧量
2009	化学需氧量	无机氮	活性磷酸盐
2010	化学需氧量	无机氮	生化需氧量
2011	化学需氧量	无机氮	生化需氧量
2012	化学需氧量	无机氮	活性磷酸盐
2013	化学需氧量	无机氮	生化需氧量

3）沉积物安全评价

沉积物安全评价指标体系中选取影响钦州湾沉积物质量的 10 个指标，分别为：有机碳、酸性硫化物、汞、铜、锌、镉、铅、砷、油类、铬。

如图 3-7 所示，该研究海域沉积物中有机碳、酸性硫化物和石油类在 2006—2013 年基本上处于安全指标范围内（0.75～1.00），石油类在 2013 年处于亚安全范围（0.50～0.75）。其中有机碳年平均数为 0.71%（干重，下同），变化范围为 0.17%～1.55%；酸性硫化物年平均数为 97×10^{-6}（干重），变化范围为 45.82×10^{-6}～36×10^{-6}，各站位沉积物中酸性硫化物含量均低于一类海洋沉积物质量标准（300×10^{-6}）；石油类年平均数为 42.88×10^{-6}（干重），变化范围为 11.23×10^{-6}～75.2×10^{-6}，各站位沉积物中石油类含量除在 2013 年高于一类海洋沉积物质量标准，其余年份均低于一类海洋沉积物质量标准（500×10^{-6}），石油类 2013 年评价指标分值呈急速下降的趋势。

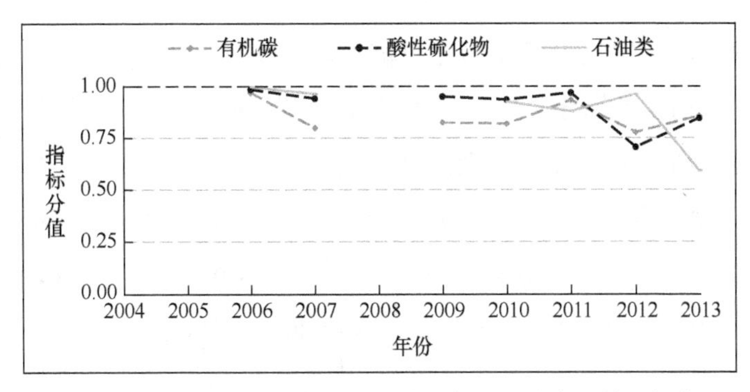

图 3-7　沉积物中有机氮、酸性硫化物、石油类评价指标值

图 3-8 所示为沉积物中重金属评价指标值，该研究海域沉积物中重金属含量安全指标分值在 2006—2013 年基本处于安全指标范围内，且波动范围较小，其中砷安全指标分值在 2009 年处于病态区，铬的安全指标分值在 2012 年处于不安全范围内。沉积物中汞含量年平均值为 0.0487×10^{-6}（干重），变化范围为 0.016×10^{-6}～0.076×10^{-6}，各站位沉积物中汞含量均低于一类海洋沉积物质量标准（0.2×10^{-6}）；沉积物中铜含量年平均值为 27.278×10^{-6}（干重），变化范围为 10.45×10^{-6}～36.65×10^{-6}，其中 2007 年和 2010 年沉积物中铜含量达到二类海洋沉积物质量标准（35.0×10^{-6}～100×10^{-6}）；沉积物中锌含量年平均值为 48.99×10^{-6}（干重），变化范围为 ND（未检出）～67.8×10^{-6}，各站位沉积物中锌含量均低于一类海洋沉积物质量标准（150×10^{-6}）；沉积物中镉含量年平均值为 0.22×10^{-6}（干重），变化范围为 0.13×10^{-6}～0.38×10^{-6}，各站位沉积物中镉含量均低于一类海洋沉积物质量标准（0.5×10^{-6}）；沉积物中铅含量年平均值为 21.24×10^{-6}（干重），变化范围为 12.3×10^{-6}～31.21×10^{-6}，各站位沉积物中铅含量均低于一类海洋沉积物质量标准（60×10^{-6}）；沉积物中砷含量年平均值为 36.12×10^{-6}（干重），变化范围为

4.99×10^{-6}～272.5×10^{-6}，各站位沉积物中砷含量大部分低于一类海洋沉积物质量标准（60×10^{-6}），2009 年除外（2009 年沉积物中砷含量达到 272.5×10^{-6}）；沉积物中铬含量年平均值为 39.78×10^{-6}（干重），变化范围为 ND（未检出）～109.1×10^{-6}，各站位沉积物中铬含量大部分低于一类海洋沉积物质量标准（80×10^{-6}），2012 年除外，2012 年为三类海洋沉积物质量标准（270×10^{-6}）。

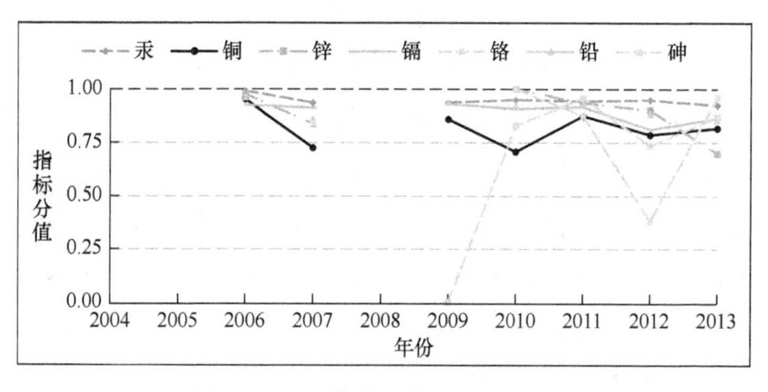

图 3-8　沉积物中重金属评价指标值

图 3-9 所示为钦江入海口区沉积物安全关键制约因子，从 2004—2013 年沉积物安全要素因子评价指标值的变化情况来看，制约沉积物安全关键因子为铜、铬、砷，后期石油类也成为影响沉积物安全的关键制约因子。但是，从每年影响沉积物安全关键因子的情况来看，关键因子有波动，是一个动态的变化过程。2006 年影响沉积物安全的关键制约因子为铅、铜、镉；2007 年影响沉积物安全的关键制约因子为锌、有机碳、铜；2009 年影响沉积物安全的关键制约因子为铜、有机碳、砷；2010 年影响沉积物安全的关键制约因子为砷、有机碳、铜；2011 年影响沉积物安全的关键制约因子为油类、铜、铬；2012 年影响沉积物安全的关键制约

因子为砷、酸性硫化物、铬；2013 年影响沉积物安全关键制约因子为铜、锌、油类，具体如表 3-3 所示。

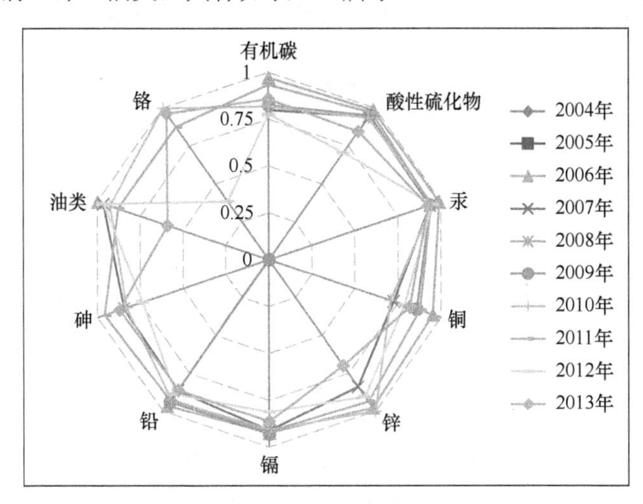

图 3-9　钦江入海口区沉积物安全关键制约因子

表 3-3　钦江入海口区沉积物安全关键制约因子表

年份	关键制约因子		
2006	铜	铅	镉
2007	铜	锌	有机碳
2009	铜	砷	有机碳
2010	铜	砷	有机碳
2011	铜	铬	油类
2012	砷	铬	酸性硫化物
2013	铜	锌	油类

2. 茅岭江入海口区支持服务安全评价

1）初级生产力安全评价

初级生产力安全评价指标体系中初级生产力采用叶绿素检测

值来计算，计算公式为$\frac{cha \times 3.7 \times 9 \times 10}{2}$。图 3-10 所示为钦州湾茅岭江入海口区 2004—2013 年初级生产力评价指标值。

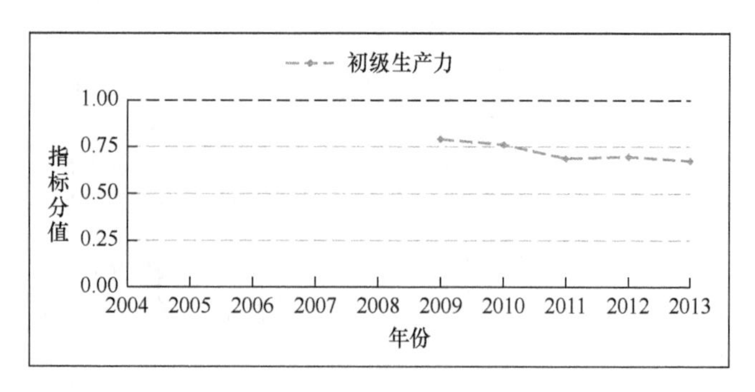

图 3-10　初级生产力评价指标值

茅岭江入海口区域叶绿素数据缺失，因此，采用靠近该水域的茅尾海东部农渔业区的初级生产力评价数据进行替代。整体来看，2009—2010 年评价指标分值分别为 0.79、0.76，处于安全范围内（0.75～1.00），叶绿素含量平均值为 3.16μg/L，变化范围为 1.82～6.32μg/L，初级生产力平均值为 450.26 mg • C/m^2 • d，变化范围为 302.46～582.42mg • C/m^2 • d；2011—2013 年叶绿素含量平均值为 2.79μg/L，变化范围为 1.00～4.03μg/L，初级生产力平均值为 439.78 mg • C/m^2 • d，变化范围为 199.8～670.66mg • C/m^2 • d，估算出的初级生产力指标分值处于亚安全范围内。

2）水质安全评价

水质安全评价指标体系中选取影响钦州湾水环境质量的指标，为溶解氧、pH 值、活性磷酸盐、无机氮、化学需氧量、生化需氧量、悬浮物、石油类。图 3-11 所示为溶解氧、pH 值、活性磷酸盐、无机氮评价指标值，图 3-12 所示为化学需氧量、生化需氧量、悬浮物、石油类评价指标值。

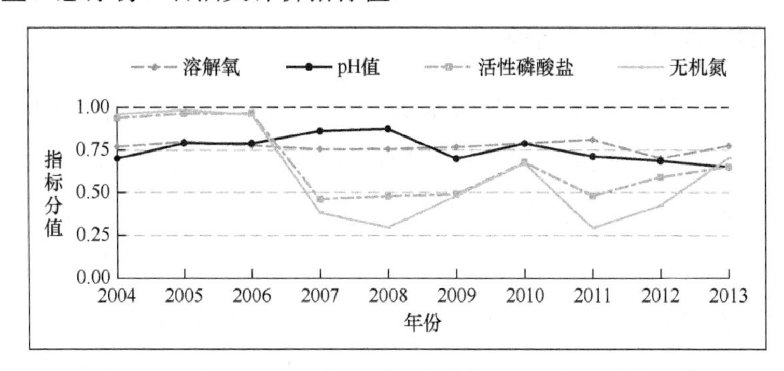

图 3-11　溶解氧、pH 值、活性磷酸盐、无机氮评价指标值

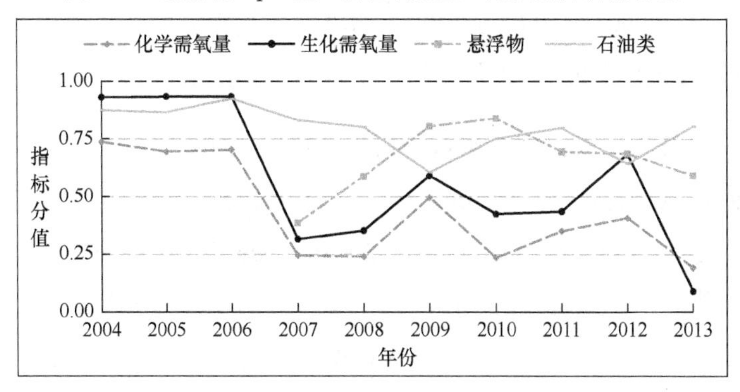

图 3-12　化学需氧量、生化需氧量、悬浮物、石油类评价指标值

（1）溶解氧。调查水域 *DO* 的安全指标分值在 2012 年处于亚安全范围内，数值大小为 0.68；2004—2013 年基本上处于安全范围内（0.75～1.00），变化范围为 0.76～0.81，水体中 *DO* 值变化范围为 6.65～9.14 mg/L，平均为 7.47 mg/L，各年度差别不大。

（2）pH 值。调查水域 pH 值变化范围为 7.58～8.06，平均值为 7.55。pH 值的安全指标分值在 2005—2008 年处于安全的范围内，即处于 0.75～1.00；2009—2013 年处于亚安全的范围内，即处于 0.5～0.75；从整体来看，2004—2008 年处于上升趋势，2008—2013 年处于下降趋势。

（3）活性磷酸盐。调查水域水体活性磷酸盐浓度在 2004—2006 年达到一类海水水质标准（<0.015mg/L），即其安全指数分值处于安全范围内（0.75～1.00）；活性磷酸盐浓度在 2007—2009 年处于三类海水水质标准（0.03～0.45 mg/L），即其安全指数分值处于不安全范围内（0.25～0.50），水体中活性磷酸盐平均浓度为 0.0745mg/L；活性磷酸盐浓度在 2010—2013 年处于二类海水水质标准（0.0015～0.03 mg/L），即其安全指数分值处于亚安全范围内（0.50～0.75），水体中活性磷酸盐平均浓度为 0.0546mg/L。

（4）无机氮。调查水域无机氮浓度在 2004—2006 年达到一类海水水质标准（<0.2 mg/L），即其安全指数分值处于安全范围内（0.75～1.00）；无机氮浓度在 2007—2009 年、2011—2012 年处于三类海水水质标准（0.35～0.5 mg/L），即其安全指数分值处于不安全范围内（0.25～0.50），无机氮平均浓度为 0.48mg/L；无机氮浓度在 2010 年和 2013 年处于二类海水水质标准（0.2～0.35mg/L），即其安全指数分值处于亚安全范围内（0.5～0.75），无机氮平均浓度为 0.23mg/L。

（5）化学需氧量。调查水域海水 *COD* 安全指标分值在 2004—2006 年处于亚安全范围内（0.5～0.75）；2007—2012 年处于不安全范围内（0.25～0.5），为三类海水水质标准（3～5 mg/L）。

（6）生化需氧量。调查水域海水 *BOD* 安全指标分值在 2004—

2006 年处于安全范围内（0.75～1.00）；2007—2008 年、2011—2012 年处于不安全范围内（0.25～0.5），海水 *BOD* 平均值为 3.0mg/L。

（7）悬浮物。从整体来看，调查水域悬浮物安全指标分值从 2007—2010 年呈现增加的趋势，也就是水体中悬浮物浓度呈现减小的趋势；而 2011—2013 年呈现减小的趋势，也就是水体中悬浮物浓度呈现增加的趋势，2011 年、2012 年、2013 年海水中悬浮物浓度分别为 21.11mg/L、27.03mg/L、39.05mg/L，处于亚安全的范围内（0.5～0.75）。

（8）石油类。从整体来看，调查水域石油类安全指标分值从 2004—2012 年保持在安全范围内，即处于 0.75～0.10，2007 年之前数值波动较大，2007 年之后基本保持稳定状态，符合第一、二类水质标准，石油类在水体中的浓度小于 0.05mg/L。

图 3-13 所示为茅岭江入海口区水质安全关键制约因子，从 2004—2013 年水质安全要素因子评价指标值的变化情况来看，制约水质安全的关键因子为化学需氧量、无机氮、生化需氧量。但是，从每年影响水质安全关键因子的情况来看，关键因子有波动，是一个动态的变化过程。2004 年影响水质安全的关键制约因子为化学需氧量、pH 值、溶解氧；2005 年影响水质安全的关键制约因子为化学需氧量、pH 值、溶解氧；2006 年影响水质安全的关键制约因子为化学需氧量、pH 值、溶解氧；2007 年影响水质安全的关键制约因子为化学需氧量、生化需氧量、无机氮；2008 年影响水质安全的关键制约因子为化学需氧量、生化

需氧量、无机氮；2009 年影响水质安全的关键制约因子为活性磷酸盐、无机氮、化学需氧量；2010 年影响水质安全的关键制约因子为化学需氧量、生化需氧量、无机氮；2011 年影响水质安全的关键制约因子为无机氮、化学需氧量、生化需氧量；2012 年影响水质安全的关键制约因子为活性磷酸盐、无机氮、化学需氧量；2013 年影响水质安全的关键制约因子为悬浮物、化学需氧量、生化需氧量，如表 3-4 所示。

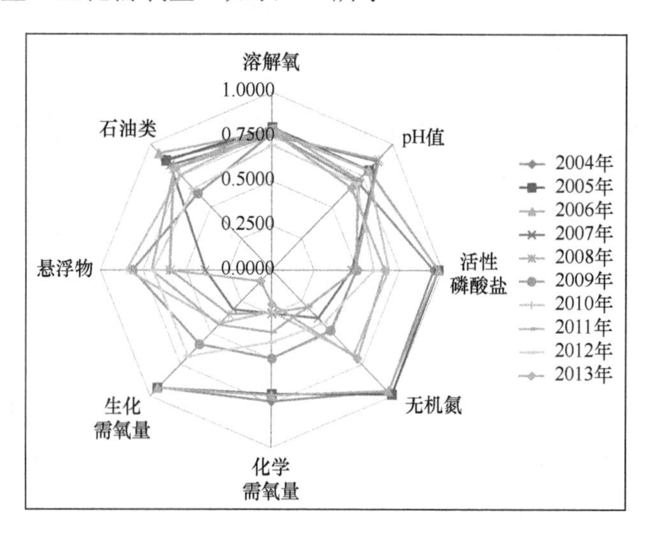

图 3-13　茅岭江入海口区水质安全关键制约因子

表 3-4　茅岭江入海口区水质安全关键制约因子表

年份	关键制约因子		
2004	化学需氧量	pH 值	溶解氧
2005	化学需氧量	pH 值	溶解氧
2006	化学需氧量	pH 值	溶解氧
2007	化学需氧量	无机氮	生化需氧量

（续表）

年份	关键制约因子		
2008	化学需氧量	无机氮	生化需氧量
2009	化学需氧量	无机氮	活性磷酸盐
2010	化学需氧量	无机氮	生化需氧量
2011	化学需氧量	无机氮	生化需氧量
2012	化学需氧量	无机氮	活性磷酸盐
2013	化学需氧量	悬浮物	生化需氧量

3）沉积物安全评价

沉积物安全评价指标体系中选取影响钦州湾沉积物质量的指标分别为有机碳、酸性硫化物、汞、铜、锌、镉、铅、砷、油类、铬。

图 3-14 所示为沉积物中有机氮、酸性硫化物、石油类评价指标植，该研究海域沉积物中的有机碳、酸性硫化物和石油类在 2006—2013 年基本处于安全指标范围内（0.75～1.00），石油类在 2013 年处于亚安全范围（0.50～0.75）。其中有机碳年平均数为 0.71%（干重），变化范围为 0.17%～1.55%；酸性硫化物年平均数为 97×10^{-6}（干重），变化范围为 45.82×10^{-6}～36×10^{-6}，各站位沉积物中酸性硫化物含量均低于一类海洋沉积物质量标准（300×10^{-6}）；石油类年平均数为 42.88×10^{-6}（干重），变化范围为 11.23×10^{-6}～75.2×10^{-6}，各站位沉积物中石油类含量除在 2013 年高于一类海洋沉积物质量标准，其余年份均低于一类海洋沉积物质量标准（500×10^{-6}），石油类 2013 年评价指标分值呈急速下降的趋势。

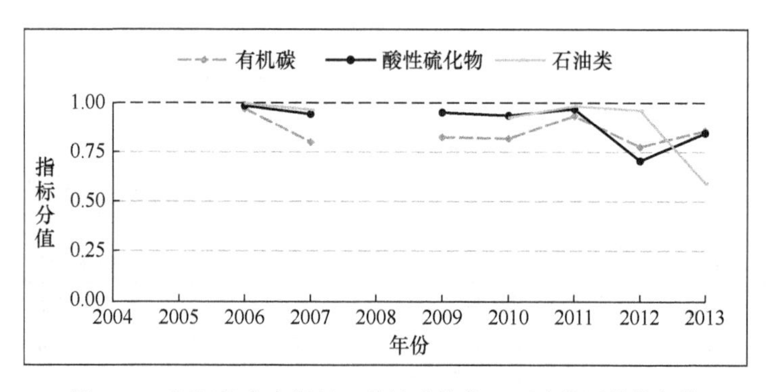

图 3-14　沉积物中有机氮、酸性硫化物、石油类评价指标值

图 3-15 所示为沉积物中重金属评价指标值图，该研究海域沉积物中重金属含量安全指标分值在2006—2013 年基本处于安全指标范围内，且波动范围较小，其中砷安全指标分值在 2009 年处于病态区，铬的安全指标分值在 2012 年处于不安全范围内。沉积物中汞含量年平均值为 0.0487×10^{-6}（干重），变化范围为 0.016×10^{-6}～0.076×10^{-6}，各站位沉积物中汞含量均为低于一类海洋沉积物质量标准（0.2×10^{-6}）；沉积物中铜含量年平均值为 27.278×10^{-6}（干重），变化范围为 10.45×10^{-6}～36.65×10^{-6}，其中 2007 年和 2010 年沉积物中铜含量达二类海洋沉积物质量标准（35.0～100×10^{-6}）；沉积物中锌含量年平均值为 48.99×10^{-6}（干重），变化范围为 ND（未检出）～67.8×10^{-6}，各站位沉积物中锌含量均低于一类海洋沉积物质量标准（150×10^{-6}）；沉积物中镉含量年平均值为 0.22×10^{-6}（干重），变化范围为 0.13×10^{-6}～0.38×10^{-6}，各站位沉积物中镉含量均低于一类海洋沉积物质量标准（0.5×10^{-6}）；沉积物中铅含量年平均值为 21.24×10^{-6}（干重），变化范围为 12.3×10^{-6}～31.21×10^{-6}，各

站位沉积物中铅含量均低于一类海洋沉积物质量标准（60×10^{-6}）；沉积物中砷含量年平均值为 36.12×10^{-6}（干重），变化范围为 4.99×10^{-6}～272.5×10^{-6}，各站位沉积物中砷含量大部分低于一类海洋沉积物质量标准（60×10^{-6}），2009 年除外（2009 年沉积物中砷含量达到 272.5×10^{-6}）；沉积物中铬含量年平均值为 39.78×10^{-6}（干重），变化范围为 ND（未检出）～109.1×10^{-6}，各站位沉积物中铬含量大部分低于一类海洋沉积物质量标准（80×10^{-6}），2012 年除外，2012 年为三类海洋沉积物质量标准（270×10^{-6}）。

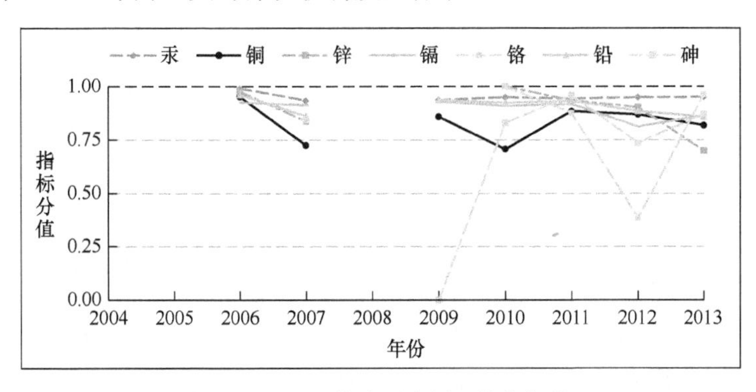

图 3-15　沉积物中重金属评价指标值

图 3-16 所示为茅岭江入海口区沉积物质量安全关键制约因子，从 2006—2013 年沉积物质量安全要素因子评价指标值的变化情况来看，制约沉积物质量安全关键因子为生化需氧量、无机氮、化学需氧量。但是，从每年影响沉积物质量安全关键因子的情况来看，关键因子有波动，是一个动态的变化过程。2006 年影响沉积物质量安全的关键制约因子为有机碳、铅、镉；2007 年影响沉积物质量安全的关键制约因子为有机碳、铅、锌；2009 年影响沉

积物质量安全的关键制约因子为有机碳、铅、铜；2010 年影响沉积物质量安全的关键制约因子为有机碳、铜、砷；2011 年影响沉积物质量安全的关键制约因子为锌、铜、砷；2012 年影响沉积物质量安全的关键制约因子为有机碳、酸性硫化物、砷；2013 年影响沉积物质量安全的关键制约因子为锌、酸性硫化物、铜，具体如表 3-5 所示。

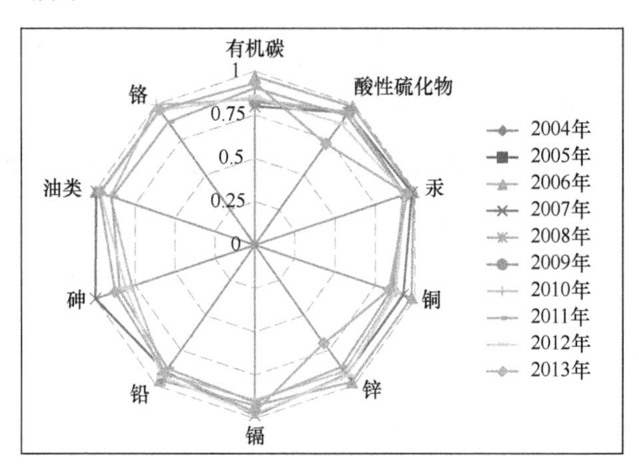

图 3-16　茅岭江入海口区沉积物质量安全关键制约因子

表 3-5　茅岭江入海口区沉积物质量安全关键制约因子表

年份	关键制约因子		
2006	有机碳	铅	镉
2007	有机碳	铅	锌
2009	有机碳	铅	铜
2010	有机碳	铜	砷
2011	锌	铜	砷
2012	有机碳	酸性硫化物	砷
2013	锌	酸性硫化物	铜

3. 茅尾海东部农渔业区支持服务安全评价

1）初级生产力安全评价

初级生产力安全评价指标体系中初级生产力采用叶绿素检测值来计算，计算公式为 $\frac{cha \times 3.7 \times 9 \times 10}{2}$。图 3-17 所示为钦州湾茅尾海东部农渔业区 2004—2013 年初级生产力评价指标值。

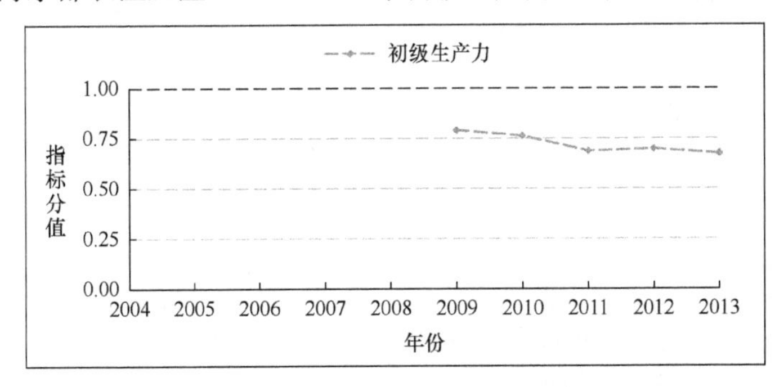

图 3-17　初级生产力评价指标值

整体来看，2009—2010 年评价指标分值分别为 0.79、0.76，处于安全范围内（0.75～1.00），叶绿素含量平均值为 3.16μg/L，变化范围为 1.82～6.32μg/L，初级生产力平均值为 450.26 mg・C/m^2・d，变化范围为 302.46～582.42mg・C/m^2・d；2011—2013 年叶绿素含量平均值为 2.79μg/L，变化范围为 1.00～4.03μg/L，初级生产力平均值为 439.78 mg・C/m^2・d，变化范围为 199.8～670.66mg・C/m^2・d，估算出的初级生产力指标分值处于亚安全范围内。

2）水质安全评价

水质安全评价指标体系中选取影响钦州湾水环境质量的指标

为溶解氧、pH 值、活性磷酸盐、无机氮、化学需氧量、生化需氧量、悬浮物、石油类这八个指标。评价指标值如图 3-18 所示为溶解氧、pH 值、活性磷酸盐、无机氮评价指标值，图 3-19 所示为化学需氧量、生化需氧量、悬浮物、石油类评价指标值。

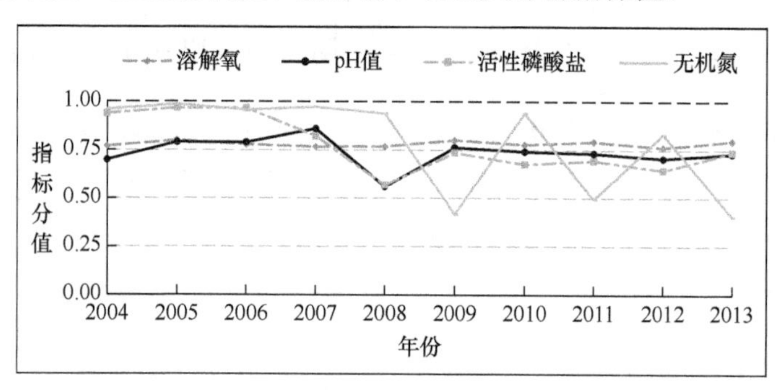

图 3-18 溶解氧、pH 值、活性磷酸盐、无机氮评价指标值

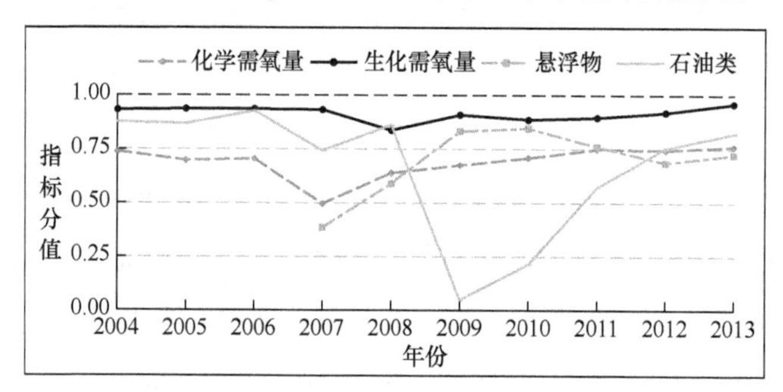

图 3-19 化学需氧量、生化需氧量、悬浮物、石油类评价指标值

（1）溶解氧。调查水域水体中 *DO* 值变化范围为 5.09～9.74mg/L，平均为 6.72mg/L，各年度之间差别不大，上下波动平稳。*DO* 的安全指标分值在 2004—2013 年处于安全的范围内，即处于 0.75～1.00，最小值为 0.77，最大值为 0.80。

（2）pH 值。调查水域 pH 值安全指标分值从 2004—2013 年这

10 年间，其中 2004—2007 年和 2009 年处于安全范围内（0.75～1.00），其余年份处于亚安全范围内（0.50～0.75）。从整体趋势来看，2004—2007 年安全指标分值呈现增大的趋势，pH 值平均数为 7.88，最小值为 7.6，最大值为 8.11；2008 年是一个转折点，为 10 年间的最小值（0.57），pH 值为 7.04；2008 年以后，在 2009—2013 年，pH 值安全指标分值呈现减小的趋势，pH 值平均数为 7.72，最小值为 7.36，最大值为 8.08。

（3）活性磷酸盐。调查水域水体活性磷酸盐安全指数分值在 2004—2007 年处于安全范围内（0.75～1.00），活性磷酸盐浓度平均数为 0.0054mg/L，最小值为 0.003mg/L，最大值为 0.011，达到一类海水水质标准（<0.015mg/L）；2008 年是一个转折点，也是最低点，活性磷酸盐浓度为 0.0259mg/L，安全指标分值为亚安全，之后，从 2009 年到 2013 年，活性磷酸盐安全指数分值处于亚安全范围内（0.50～0.75），且各年份之间变化不大，活性磷酸盐浓度平均数为 0.0188mg/L，最小值为 0.0066mg/L，最大值为 0.035mg/L，为二类海水水质标准（0.0015～0.03mg/L）。

（4）无机氮。调查水域无机氮安全指数分值在 2004—2008 年处于安全范围内（0.75～1.00），且年际间变化不大，无机氮浓度平均值为 0.0313mg/L，最小值为 0.0135mg/L，最大值为 0.0508mg/L。2009 年无机氮浓度增加至 0.4004mg/L，之后，从 2009 年到 2013 年，无机氮安全指数分值上下交替波动变化，2009 年处于不安全范围内，2010 年变为安全范围内，2011 年又变为不安全范围内，2012 年重新变为安全范围内，2013 年再变为不安全，2009—2013 年的这种交替波动变化，很可能与该区域紧邻的钦江年径流量年际间交替波动变化有关。

（5）化学需氧量。从整体来看，调查水域海水 *COD* 安全指标分值在 2004—2013 年的十年间基本处于亚安全范围内（0.75～1.00），2007 年位于亚安全与不安全的分界点。

（6）生化需氧量。从整体来看，调查水域海水 BOD 安全指标分值在 2004—2013 年的十年间基本处于安全范围内，海水 *BOD* 平均浓度为 0.5013mg/L，变化范围为 0.24～0.71mg/L。

（7）悬浮物。从整体来看，调查水域悬浮物安全指标分值从 2007—2013 年呈现先增加后又略有减小的趋势，其中，2007 年处于不安全范围，2008 年升至亚安全范围，2009—2011 年上升到安全范围，2012—2013 年又降至亚安全范围。

（8）石油类。从整体来看，调查水域石油类安全指标分值 2004—2008 年处于安全范围内，2009 年突降至病态区，2010 年之后又回升到安全区，其中，2010 年处于病态区，2011 年处于亚安全区，2012—2013 年处于安全区。

图 3-20 所示为茅尾海东部农渔业区水质安全关键制约因子，从 2004—2013 年水质安全要素因子评价指标值的变化情况来看，制约水质安全的关键因子为化学需氧量、悬浮物、石油类。但是，从每年影响水质安全的关键因子的情况来看，关键因子有波动，是一个动态的变化过程。2004 年影响水质安全的关键制约因子为溶解氧、化学需氧量、pH 值；2005 年影响水质安全的关键制约因子为溶解氧、化学需氧量、pH 值；2006 年影响水质安全的关键制

约因子为溶解氧、化学需氧量、pH 值；2007 年影响水质安全的关键制约因子为石油类、化学需氧量、悬浮物；2008 年影响水质安全的关键制约因子为悬浮物、活性磷酸盐、pH 值；2009 年影响水质安全的关键制约因子为石油类、化学需氧量、无机氮；2010 年影响水质安全的关键制约因子为石油类、化学需氧量、活性磷酸盐；2011 年影响水质安全的关键制约因子为石油类、活性磷酸盐、无机氮；2012 年影响水质安全的关键制约因子为悬浮物、活性磷酸盐、pH 值；2013 年影响水质安全的关键制约因子为悬浮物、无机氮、pH 值，具体如表 3-6 所示。

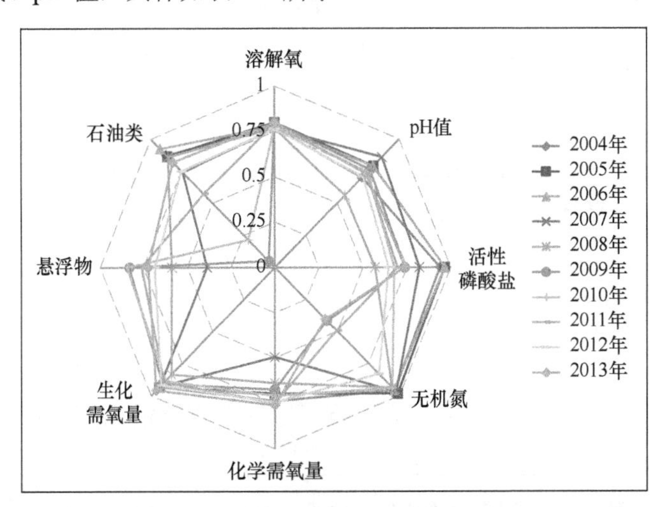

图 3-20　茅尾海东部农渔业区水质安全关键制约因子

表 3-6　茅尾海东部农渔业区水质安全关键制约因子表

年份	关键制约因子		
2004	溶解氧	化学需氧量	pH 值
2005	溶解氧	化学需氧量	pH 值
2006	溶解氧	化学需氧量	pH 值

（续表）

年份	关键制约因子		
2007	石油类	化学需氧量	悬浮物
2008	悬浮物	活性磷酸盐	pH 值
2009	石油类	化学需氧量	无机氮
2010	石油类	化学需氧量	活性磷酸盐
2011	石油类	活性磷酸盐	无机氮
2012	悬浮物	活性磷酸盐	pH 值
2013	悬浮物	无机氮	pH 值

3）沉积物安全评价

沉积物安全评价指标体系中选取影响钦州湾沉积物质量的指标有 10 个，分别为有机碳、酸性硫化物、汞、铜、锌、镉、铅、砷、油类、铬，如图 3-21 和图 3-22 所示。

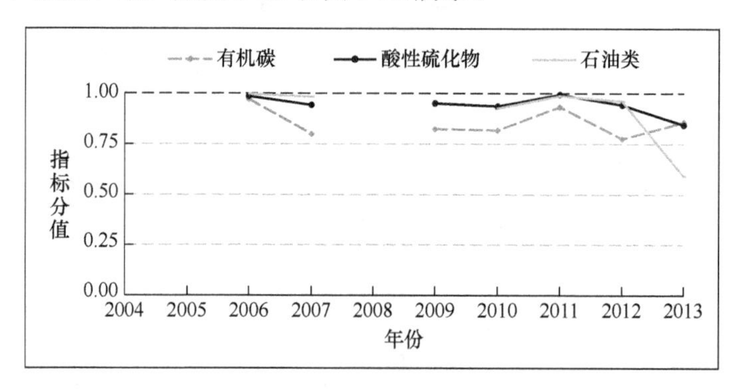

图 3-21　沉积物中有机氮、酸性硫化物、石油类评价指标值

图 3-21 所示为沉积物中有机氮、酸性硫化物、石油类评价指标值，该研究海域沉积物中有机碳、酸性硫化物和石油类在 2006—2013 年基本上处于安全指标范围内（0.75～1.00），石油类在 2013 年处于亚安全范围。其中有机碳年平均数为 1.104%（干重），变化范

围为 0.324%～1.82%；酸性硫化物年平均数为 68.587×10^{-6}（干重），变化范围为 0.525×10^{-6}～289.7×10^{-6}，各站位沉积物中酸性硫化物含量均为低于一类海洋沉积物质量标准（300×10^{-6}）；石油类年平均数为 129.757×10^{-6}（干重），变化范围为 3.25×10^{-6}～817.4×10^{-6}，各站位沉积物中石油类含量除在 2013 年高于一类海洋沉积物质量标准，其余年份均低于一类海洋沉积物质量标准（500×10^{-6}）。

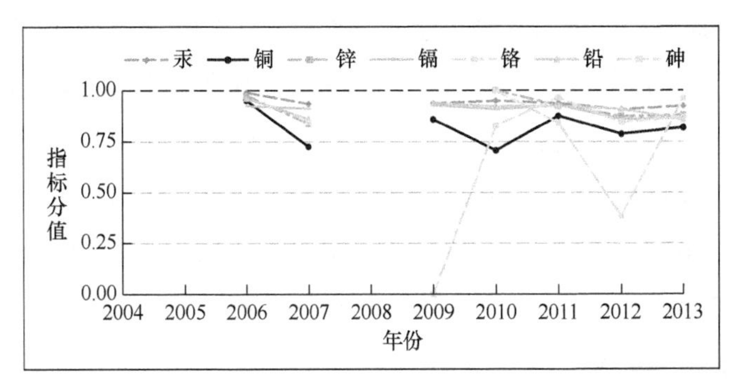

图 3-22　沉积物中重金属评价指标值

图 3-22 所示为沉积物中重金属评价指标值，该研究海域沉积物中重金属含量安全指标分值在 2006—2013 年基本处于安全指标范围内，且波动范围较小，其中砷安全指标分值在 2009 年处于病态区，铬的安全指标分值在 2012 年处于不安全范围内。沉积物中汞含量年平均值为 0.064×10^{-6}（干重），变化范围为 0.026×10^{-6}～0.129×10^{-6}，各站位沉积物中汞含量均低于一类海洋沉积物质量标准（0.2×10^{-6}）；沉积物中铜含量年平均值为 27.278×10^{-6}（干重），变化范围为 11.944×10^{-6}～51.7×10^{-6}，其中 2007 年和 2010 年沉积物中铜含量达二类海洋沉积物质量标准（35.0×10^{-6}～100×10^{-6}）；沉积物中锌含量年平均值为 58.151×10^{-6}（干重），变化范围为 ND

（未检出）～100.2×10^{-6}，各站位沉积物中锌含量均低于一类海洋沉积物质量标准（150×10^{-6}）；沉积物中镉含量年平均值为 0.202×10^{-6}（干重），变化范围为 0.122×10^{-6}～0.335×10^{-6}，各站位沉积物中镉含量均低于一类海洋沉积物质量标准（0.5×10^{-6}）；沉积物中铅含量年平均值为 21.421×10^{-6}（干重），变化范围为 8.92×10^{-6}～34.1×10^{-6}，各站位沉积物中铅含量均低于一类海洋沉积物质量标准（60×10^{-6}）；沉积物中砷含量年平均值为 33.97×10^{-6}（干重），变化范围为 5.08×10^{-6}～272.5×10^{-6}，各站位沉积物中砷含量大部分低于一类海洋沉积物质量标准（60×10^{-6}），2009 年除外；沉积物中铬含量年平均值为 76.819×10^{-6}（干重），变化范围为 ND（未检出）～205.9×10^{-6}，各站位沉积物中铬含量大部分低于一类海洋沉积物质量标准（80×10^{-6}），2012 年除外，2012 年达到了三类海洋沉积物质量标准（270×10^{-6}）。

图 3-23 所示为茅尾海东部农渔业区沉积物质量安全关键制约因子，从 2006—2013 年沉积物质量安全的要素因子评价指标值的变化情况来看，制约沉积物质量安全的关键因子为生化需氧量、无机氮、化学需氧量。但是，从每年影响沉积物质量安全的关键因子的情况来看，关键因子有波动，是一个动态的变化过程。2006 年影响沉积物质量安全的关键制约因子为铜、铅、镉；2007 年影响沉积物质量安全的关键制约因子为铜、锌、有机碳；2009 年影响沉积物质量安全的关键制约因子为铜、砷、有机碳；2010 年影响沉积物质量安全的关键制约因子为有机铜、砷、有机碳；2011 年影响沉积物质量安全的关键制约因子为铜、铅、铬；2012 年影

响沉积物质量安全的关键制约因子为铜、有机碳、铬；2013 年影响沉积物质量安全的关键制约因子为铜、酸性硫化物、油类，如表 3-7 所示。

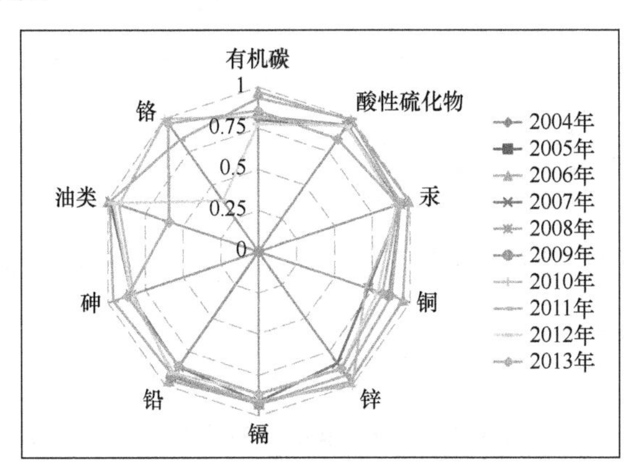

图 3-23　茅尾海东部农渔业区沉积物质量安全关键制约因子

表 3-7　茅尾海东部农渔业区沉积物质量安全关键制约因子表

年份	关键制约因子		
2006	铜	铅	镉
2007	铜	锌	有机碳
2009	铜	砷	有机碳
2010	有机铜	砷	有机碳
2011	铜	铅	铬
2012	铜	有机碳	铬
2013	铜	酸性硫化物	油类

4. 旅游休闲娱乐区支持服务安全评价

1）初级生产力安全评价

初级生产力安全评价指标体系中初级生产力采用叶绿素检测

值来计算，计算公式为$\frac{cha\times3.7\times9\times10}{2}$。图 3-24 所示为钦州湾旅游休闲娱乐区 2004—2013 年初级生产力评价指标值。

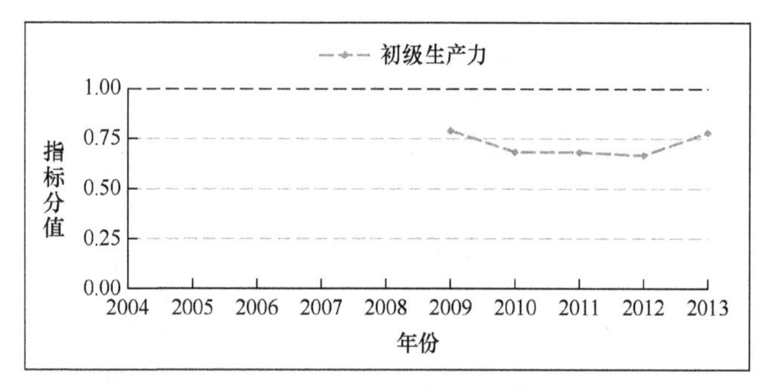

图 3-24　初级生产力评价指标值

整体来看，2009 年、2013 年初级生产力评价指标分值分别为 0.789、0.78，处于安全范围内（0.75～1.00），叶绿素含量平均值为 3.87μg/L 与 3.40μg/L，变化范围为 2.03～5.95μg/L，初级生产力平均值为 664.35mg • C/m^2 • d 与 566.1mg • C/m^2 • d，变化范围为 338.55～793.65mg • C/m^2 • d；2010—2012 年叶绿素含量平均值为 2.53μg/L，变化范围为 1.89～6.42μg/L，初级生产力变化范围为 172.05～581.08mg • C/m^2 • d，初级生产力评价指标分值处于亚安全范围内。由图 3-24 可知，该区域初级生产力有向好的趋势。

2）水质安全评价

水质安全评价指标体系中选取影响钦州湾水环境质量的指标为溶解氧、pH 值、活性磷酸盐、无机氮、化学需氧量、生化需氧量、悬浮物、石油类。图 3-25 所示为溶解氧、pH 值、活性磷酸盐、无机氮评价指标值，图 3-26 所示为化学需氧量、生化需氧量、悬浮物、石油类评价指标值。

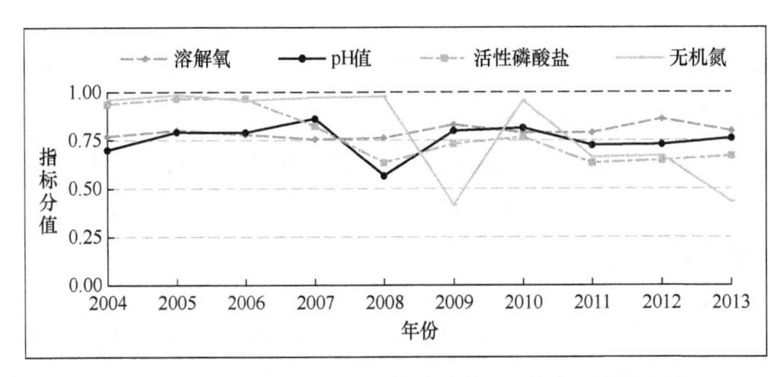

图 3-25　溶解氧、pH 值、活性磷酸盐、无机氮评价指标值

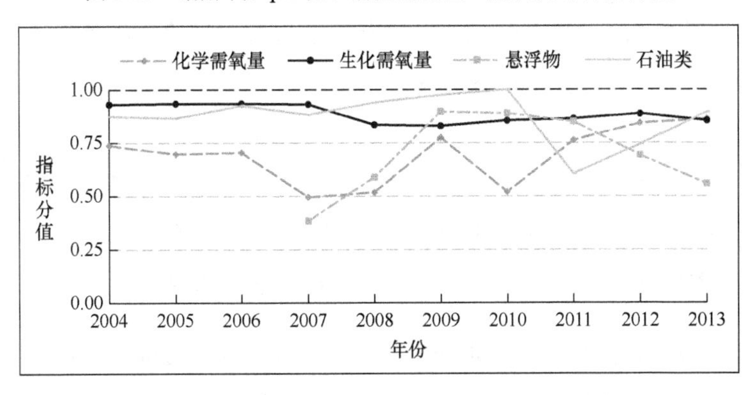

图 3-26　化学需氧量、生化需氧量、悬浮物、石油类评价指标值

（1）溶解氧。调查水域 *DO* 的安全指标分值处在安全范围内波动，即 2004—2013 年基本上处于安全的范围内（0.75～1.00），评价指标数值变化范围为 0.75～0.85，水体中 *DO* 值变化范围为 5.38～9.65mg/L，平均为 7.01mg/L，各年度差别不大。

（2）pH 值。调查水域 pH 值变化范围为 7.06～8.07，平均值为 7.77。pH 值的安全指标分值大都在安全与亚安全之间波动。其中 2004—2007 年处于趋向安全并上升的通道中，即处于 0.7～0.82；2008 年突然恶化，评价指标值下降到最低点 0.56，处于亚安全范围，对应的 pH 值为 7.06。2009 年有所回升，评价指标值上升到 0.79，处于安全区间内，2009—2013 年处于安全与亚安全之间，但是波动变化幅度不大，处于 0.72～0.81；从整体来看，2004—2007 年处于上升趋势，2008 年向下的恶化，2009—2013 年处于安全区间。

（3）活性磷酸盐。调查水域水体活性磷酸盐浓度在 2004—2007 年达到一类海水水质标准（<0.015mg/L），即其安全指数分值处于安全范围内（0.75～1.00）；2008 年活性磷酸盐评价指标值下降到 0.63，进入亚安全范围内，对应的测试值为 0.0225mg/L。随后的 2009—2013 年活性磷酸盐浓度处于二类海水水质标准（0.0015～0.03mg/L），即其安全指数分值处于不安全范围内（0.25～0.50），水体中活性磷酸盐平均浓度为 0.0019mg/L；从总的趋势来看，活性磷酸盐评价指标值处于下降趋势，在亚安全范围内。

（4）无机氮。调查水域无机氮浓度在 2004—2008 年达到一类海水水质标准（<0.2mg/L），即其安全指数分值处于安全范围内（0.75～1.00）；2009 年下降到三类海水水质标准（0.35～0.5mg/L），即其安全指数分值处于不安全范围内（0.25～0.50），无机氮平均浓度为 0.48mg/L；2010—2013 年变化波动较大，由安全区间下降到不安全区间，处于下降的趋势中，并有恶化的趋势，其中 2013 年处于三类海水水质标准（0.35～0.5 mg/L），即其安全指数分值处于不安全范围内（0.25～0.50），无机氮平均浓度为 0.60mg/L。从 2004—2013 年这 10 年无机氮评价指标值来看，无机氮处在下降的通道中并有越来越严重的趋势，进入不安全区。

（5）化学需氧量。调查水域海水 *COD* 安全指标分值在 2004—2010 年处于亚安全范围内（0.5～0.75），为二类海水水质标准（3～5mg/L）；2011 年之后化学需氧量好转，2011—2013 年处于安全范围内（0.75～1.00），为一类海水水质标准（小于 2 mg/L）。

（6）生化需氧量。调查水域海水 *BOD* 安全指标分值在 2004—2013 年处于安全范围内（0.75～1.00），评价指标值变化范围为 0.83～0.93；2008 年之后生化需氧量的状态稍微有所下降，但还是处在安全范围内，海水 *BOD* 平均值为 0.68mg/L。

（7）悬浮物。从整体来看，调查水域悬浮物安全指标分值从 2007—2009 年呈现增加的趋势，也就是水体中悬浮物浓度呈现减小的趋势；而 2011—2013 年呈现减小的趋势，也就是水体中悬浮物浓度呈现增加的趋势，2012 年、2013 年海水中悬浮物浓度分别为 27.20mg/L、43.10mg/L，处于亚安全的范围内（0.5～0.75）。

（8）石油类。从整体来看，调查水域石油类安全指标分值从 2004—2013 年保持在安全范围（0.75～1.00）内。除了 2011 年评价指标数值下降到 0.60，在亚安全范围内，对应的年平均检测值为 7.90，评价的指标值达到了历史的最低点，其他各年基本保持稳定状态。

图 3-27 所示为旅游休闲娱乐区水质安全关键制约因子，从 2004—2013 年水质安全要素因子评价指标值的变化情况来看，制约水质安全的关键因子为化学需氧量、pH 值、悬浮物。但是，从

每年影响水质安全关键因子的情况来看，关键因子有波动，是一个动态的变化过程。2004 年影响水质安全的关键制约因子为化学需氧量、溶解氧、pH 值；2005 年影响水质安全的关键制约因子为化学需氧量、溶解氧、pH 值；2006 年影响水质安全的关键制约因子为化学需氧量、溶解氧、pH 值；2007 年影响水质安全的关键制约因子为化学需氧量、溶解氧、悬浮物；2008 年影响水质安全的关键制约因子为化学需氧量、悬浮物、pH 值；2009 年影响水质安全的关键制约因子为化学需氧量、无机氮、活性磷酸盐；2010 年影响水质安全的关键制约因子为化学需氧量、溶解氧、活性磷酸盐；2011 年影响水质安全的关键制约因子为无机氮、石油类、活性磷酸盐；2012 年影响水质安全的关键制约因子为悬浮物、无机氮、活性磷酸盐；2013 年影响水质安全的关键制约因子为悬浮物、无机氮、活性磷酸盐，具体如表 3-8 所示。

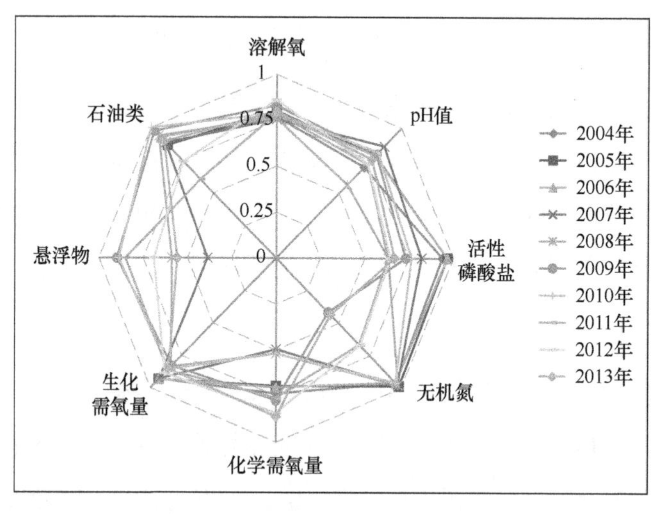

图 3-27　旅游休闲娱乐区水质安全关键制约因子

表 3-8　旅游休闲娱乐区水质安全关键制约因子表

年份	关键制约因子		
2004	化学需氧量	溶解氧	pH 值
2005	化学需氧量	溶解氧	pH 值
2006	化学需氧量	溶解氧	pH 值
2007	化学需氧量	溶解氧	悬浮物
2008	化学需氧量	悬浮物	pH 值
2009	化学需氧量	无机氮	活性磷酸盐
2010	化学需氧量	溶解氧	活性磷酸盐
2011	石油类	无机氮	活性磷酸盐
2012	悬浮物	无机氮	活性磷酸盐
2013	悬浮物	无机氮	活性磷酸盐

3）沉积物安全评价

沉积物安全评价指标体系中选取影响钦州湾沉积物质量的指标有 10 个，分别为有机碳、酸性硫化物、汞、铜、锌、镉、铅、砷、油类、铬。

图 3-28 所示为沉积物中有机氮、酸性硫化物、石油类评价指标值，该研究海域沉积物中有机碳、酸性硫化物和石油类在 2006—2013 年基本上处于安全指标范围内（0.75～1.00），除了有机碳在 2012 年处于亚安全范围（0.50～0.75）。其中有机碳年平均数为 0.95%（干重），变化范围为 0.16%～2.68%；酸性硫化物年平均数为 50.74×10^{-6}（干重），变化范围为 0.672×10^{-6}～215.16×10^{-6}，各站位沉积物中酸性硫化物含量均低于一类海洋沉积物质量标准（300×10^{-6}）；石油类年平均数为 53.90×10^{-6}（干重），变化范围为 7.70×10^{-6}～167.43×10^{-6}，各站位沉积物中石油类含量年份均低于

一类海洋沉积物质量标准（500×10^{-6}）。

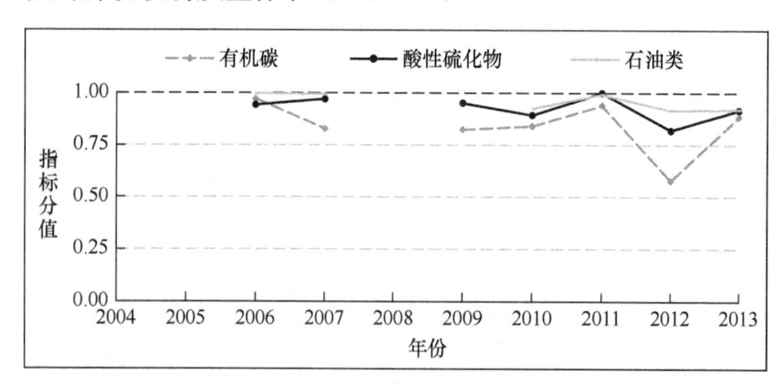

图 3-28　沉积物中有机氮、酸性硫化物、石油类评价指标值

图 3-29 所示为沉积物中重金属评价指标值，该研究海域沉积物中重金属含量安全指标分值在 2006—2013 年基本上处于安全指标范围内，且波动范围较小，其中砷安全指标分值在 2009 年处于病态区（0.00～0.25），铜的安全指标分值在 2010 年处于亚安全（0.50～0.75）范围内，锌的安全指标分值在 2013 年处于亚安全（0.50～0.75）范围内。沉积物中汞含量年平均值为 0.039×10^{-6}（干重），变化范围为 0.020×10^{-6}～0.073×10^{-6}，各站位沉积物中汞含量均低于一类海洋沉积物质量标准（0.2×10^{-6}）；沉积物中铜含量年平均值为 10.94×10^{-6}（干重），变化范围为 3.32×10^{-6}～20.9×10^{-6}，其中，2010 年沉积物中铜含量达二类海洋沉积物质量标准（35.0～100×10^{-6}）；沉积物中锌含量年平均值为 43.08×10^{-6}（干重），变化范围为 ND（未检出）～63.7×10^{-6}，各站位沉积物中锌含量均低于一类海洋沉积物质量标准（150×10^{-6}）；沉积物中镉含量年平均值为 0.133×10^{-6}（干重），变化范围为 0.07×10^{-6}～0.22×10^{-6}，各站位沉积物中镉含量均低于一类海洋沉积物质量标准

（0.5×10^{-6}）；沉积物中铅含量年平均值为 18.08×10^{-6}（干重，下同），变化范围为 6.6×10^{-6}～24.85×10^{-6}，各站位沉积物中铅含量均低于一类海洋沉积物质量标准（60×10^{-6}）；沉积物中砷含量年平均值为 10.72×10^{-6}（干重），变化范围为 4.20×10^{-6}～17.6×10^{-6}，各站位沉积物中砷含量大部分低于一类海洋沉积物质量标准（60×10^{-6}），2009 年除外；沉积物中铬含量年平均值为 44.84×10^{-6}（干重），变化范围为 ND（未检出）～74.07×10^{-6}，各站位沉积物中铬含量大部分低于一类海洋沉积物质量标准（80×10^{-6}）。

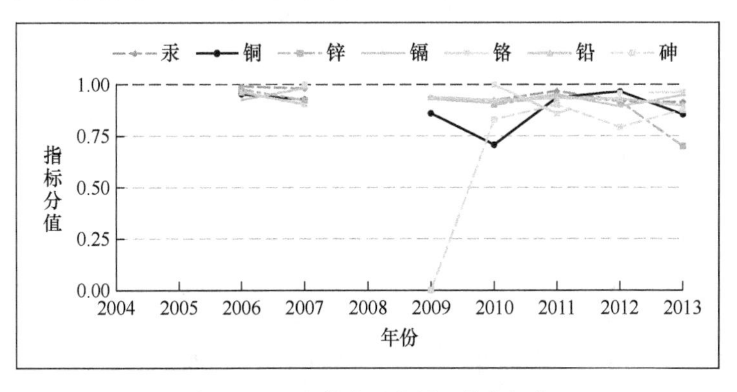

图 3-29　沉积物中重金属评价指标值

图 3-30 所示为旅游休闲娱乐区沉积物质量安全关键制约因子，从 2006—2013 年沉积物质量安全要素因子评价指标值的变化情况来看，制约沉积物质量安全的关键因子为生化需氧量、无机氮、化学需氧量。但是，从每年影响沉积物质量安全关键因子的情况来看，关键因子有波动，是一个动态的变化过程。2006 年影响沉积物质量安全的关键制约因子为铜、铅、镉；2007 年影响沉积物质量安全的关键制约因子为铜、锌、有机碳；2009 年影响沉积

物质量安全的关键制约因子为铜、砷、有机碳；2010 年影响沉积物质量安全的关键制约因子为有机铜、砷、有机碳；2011 年影响沉积物质量安全的关键制约因子为铜、铅、铬；2012 年影响沉积物质量安全的关键制约因子为铜、有机碳、铬；2013 年影响沉积物质量安全的关键制约因子为铜、酸性硫化物、油类，如表 3-9 所示。

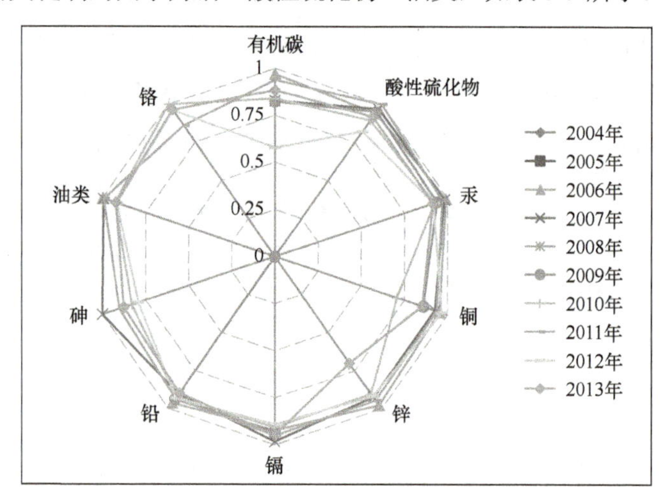

图 3-30　旅游休闲娱乐区沉积物质量安全关键制约因子

表 3-9　旅游休闲区沉积物质量安全关键制约因子表

年份	关键制约因子		
2006	铜	铅	镉
2007	铜	锌	有机碳
2009	铜	砷	有机碳
2010	有机铜	砷	有机碳
2011	铜	铅	铬
2012	铜	有机碳	铬
2013	铜	酸性硫化物	油类

5. 港口工业与城镇用海区支持服务安全评价

1）初级生产力安全评价

初级生产力安全评价指标体系中初级生产力采用叶绿素检测值来计算，计算公式为$\frac{cha\times 3.7\times 9\times 10}{2}$。图 3-31 所示为钦州湾旅游休闲娱乐区 2004—2013 年初级生产力评价指标值。

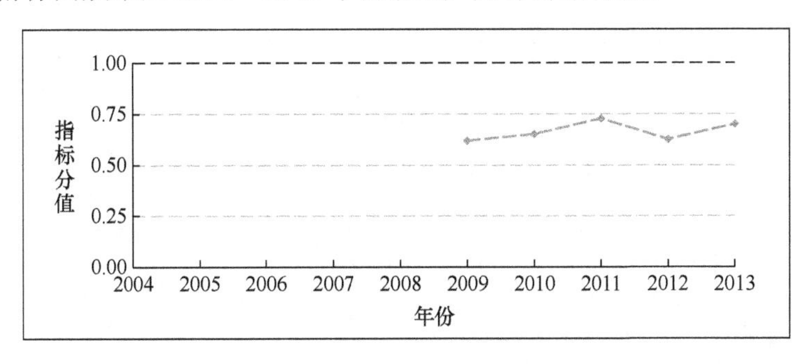

图 3-31　初级生产力评价指标值

从整体来看，2008—2013 年初级生产力评价指标分值在 0.61～0.72 范围内变化，均处于亚安全（0.50～0.75）状态范围内。2008—2013 年该区域检测站位叶绿素含量平均值为 3.32μg/L，变化范围为 1.2～10.4μg/L，初级生产力平均值为 554.06mg·C/m^2·d，变化范围为 193.14～824.17mg·C/m^2·d，初级生产力评价指标分值变化波动不大，均处于亚安全范围内。

2）水质安全评价

水质安全评价指标体系中选取影响钦州湾水环境质量的指标为溶解氧、pH 值、活性磷酸盐、无机氮、化学需氧量、生化需氧量、悬浮物、石油类。图 3-32 所示为溶解氧、pH 值、活性磷酸盐、无机氮评价指标值，图 3-33 所示为化学需氧量、生化需氧量、悬浮物、石油类评价指标值。

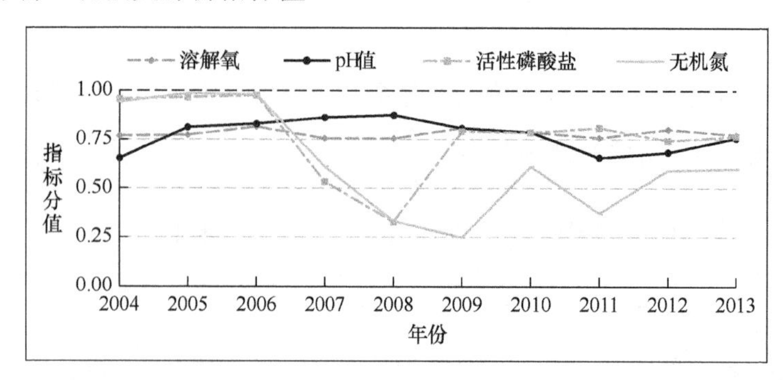

图 3-32　溶解氧、pH 值、活性磷酸盐、无机氮评价指标值

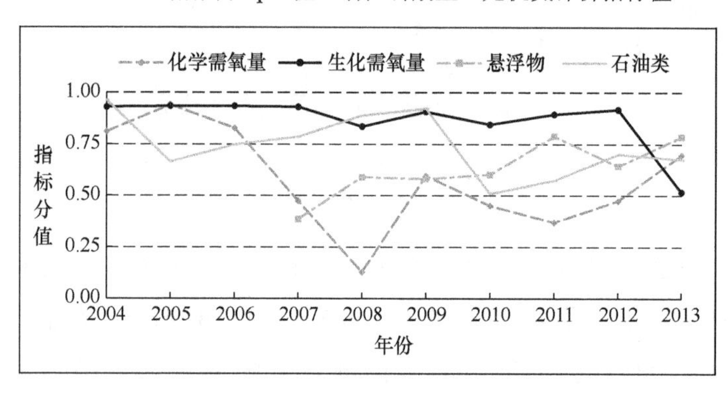

图 3-33　化学需氧量、生化需氧量、悬浮物、石油类评价指标值

（1）溶解氧。调查水域 *DO* 的安全指标分值 2004—2013 年基本上处于安全的范围内（0.75～1.00），变化范围为 0.75～0.80，水体中 *DO* 值变化范围为 6.00～7.01mg/L，平均为 6.69mg/L，各年度差别不大。从整体趋势上来看，溶解氧处于安全的趋势中。

（2）pH 值。调查水域 pH 值变化范围为 7.4～8.15，平均值为 7.78。pH 值的安全指标分值 2005—2010 年处于安全的范围内，即处于 0.75～1.00；2011—2013 年处于亚安全的范围内，即处于 0.5～0.75，有整体回升向好之势；从整体来看，2011—2013 年处于缓慢上升趋势。

（3）活性磷酸盐。调查水域水体活性磷酸盐浓度在 2004—2006 年达到一类海水水质标准（<0.015mg/L），即其安全指数分值处于安全范围内（0.75～1.00）；2007 年和 2008 年活性磷酸盐评价指标值急剧下降到达最小值 0.33，安全指数分值下降到不安全范围内（0.25～0.50），海水水质为三类海水水质标准（0.03～0.45mg/L），水体中活性磷酸盐平均浓度为 0.41mg/L；2009—2013 年活性磷酸盐浓度处于一类海水水质标准（<0.0015mg/L），即其安全指数分值处于安全范围内（0.75～1.00），水体中活性磷酸盐平均浓度为 0.0136mg/L。

（4）无机氮。调查水域无机氮浓度在 2004—2006 年达到一类海水水质标准（<0.2mg/L），即其安全指数分值处于安全范围内（0.75～1.00）；无机氮浓度在 2007 年、2009 年、2011 年处于三类海水水质标准（0.35～0.5mg/L），即其安全指数分值处于不安全范围内（0.25～0.50），无机氮平均浓度为 0.46mg/L；无机氮浓度在 2012 年和 2013 年处于二类海水水质标准（0.2～0.35mg/L），即其安全指数分值处于亚安全范围内（0.5～0.75），无机氮平均浓度为 0.22mg/L。

（5）化学需氧量。调查水域海水 *COD* 安全指标分值在 2004—2006 年处于安全范围内（0.5～0.75）；2007 年安全评价指标分值为 0.47，下降到不安全范围内（0.25～0.50），2007 年进一步下降到 0.12，处于病态范围内（0～0.25），超过四类海水水质标准

（>5mg/L）这主要是由于大部分调查位点位于港口工业排污口，浓度变化范围为 16.4～107.35mg/L，平均值为 37.24mg/L。此类站点按照污水排放标准（GB 8978—1996）是属于达标的浓度，但是其直接排放到了邻近的海水中，造成了海水 *COD* 值偏高，因此把该海域定义为病态区域。

（6）生化需氧量。调查水域海水 *BOD* 安全指标分值在 2004—2012 年处于安全范围内（0.75～1.00），评价指标值变化范围在 0.83～0.93，2013 年评价指标值下降到亚安全范围内（0.50～0.75），海水 *BOD* 平均值为 2.86mg/L，为二类海水水质标准（1～3mg/L）内。

（7）悬浮物。从整体来看，调查水域悬浮物安全指标分值 2007—2013 年呈现增加的趋势，也就是水体中悬浮物浓度呈现减小的趋势；2007 年调查水域悬浮物安全指标分值为 0.38，处于不安全状态范围内，海水中悬浮物浓度平均值为 72.925mg/L；随后，2008—2013 年评价指标值呈现增加的趋势，也就是水体中悬浮物浓度呈现减少的趋势，2013 年到达 0.78，处于安全状态范围内（0.75～1.00），对应的水体中悬浮物浓度值为 10.47mg/L。

（8）石油类。从整体来看，调查水域石油类安全指标分值从 2004—2009 年保持在安全范围内（0.75～1.00），2010 年调查水域石油类安全指标分值下降到亚安全状态范围内，随后的 2011—2013 年评价指标值有所回升但依旧处于亚安全的状态范围内，基本保持稳定状态，石油类在水体中的浓度小于 0.3mg/L。

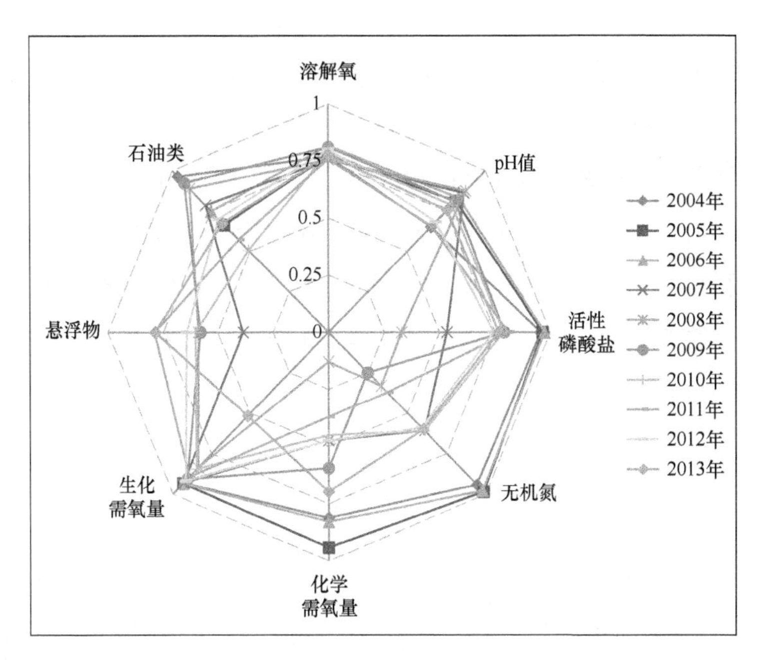

图 3-34　港口工业与城镇用海区水质安全关键制约因子

图 3-34 所示为港口工业与城镇用海区水质安全关键制约因子，从 2004—2013 年水质安全要素因子评价指标值的变化情况来看，制约水质安全的关键因子为无机氮、悬浮物、化学需氧量。但是，从每年影响水质安全关键因子的情况来看，关键因子有波动，是一个动态的变化过程。2004 年影响水质安全的关键制约因子为化学需氧量、溶解氧、pH 值；2005 年影响水质安全的关键制约因子为石油类、溶解氧、pH 值；2006 年影响水质安全的关键制约因子为化学需氧量、溶解氧、石油类；2007 年影响水质安全的关键制约因子为化学需氧量、活性磷酸盐、悬浮物；2008 年影响水质安全关的键制约因子为化学需氧量、活性磷酸盐、无机

氮；2009 年影响水质安全的关键制约因子为化学需氧量、无机氮、活性磷酸盐；2010 年影响水质安全的关键制约因子为化学需氧量、悬浮物、石油类；2011 年影响水质安全的关键制约因子为化学需氧量、无机氮、石油类；2012 年影响水质安全的关键制约因子为化学需氧量、悬浮物、无机氮；2013 年影响水质安全的关键制约因子为生化需氧量、石油类、无机氮，具体如表 3-10 所示。

表 3-10　港口工业与城镇用海区水质安全关键制约因子

年份	关键制约因子		
2004	化学需氧量	溶解氧	pH 值
2005	石油类	溶解氧	pH 值
2006	化学需氧量	溶解氧	石油类
2007	化学需氧量	活性磷酸盐	悬浮物
2008	化学需氧量	活性磷酸盐	无机氮
2009	化学需氧量	活性磷酸盐	无机氮
2010	化学需氧量	悬浮物	石油类
2011	化学需氧量	无机氮	石油类
2012	化学需氧量	悬浮物	无机氮
2013	生化需氧量	石油类	无机氮

3）沉积物安全评价

沉积物安全评价指标体系中选取影响钦州湾沉积物质量的指标有 10 个，分别为有机碳、酸性硫化物、汞、铜、锌、镉、铅、砷、石油类、铬。

图 3-35 所示为沉积物中有机氮、酸性硫化物、石油类评价指标

值，该研究海域沉积物中有机碳、酸性硫化物和石油类在 2006—2013 年基本处于安全指标范围内（0.75～1.00），除了酸性硫化物在 2013 年下降到亚安全范围（0.50～0.75）。其中有机碳年平均数为 0.808%（干重），变化范围为 0.17%～1.31%，评价指标值最高为 0.97 最低值为 0.79；酸性硫化物年平均数为 129.42.74×10^{-6}（干重），变化范围为 3.2×10^{-6}～494.71×10^{-6}，各站位沉积物中酸性硫化物含量均低于一类海洋沉积物质量标准（300×10^{-6}），除了 2013 年的 494.71×10^{-6} 处于二类海洋沉积物质量标准（500×10^{-6}）；石油类年平均数为 153.63×10^{-6}（干重），变化范围为 7.96×10^{-6}～202.46×10^{-6}，各站位沉积物中石油类含量年份均低于一类海洋沉积物质量标准（500×10^{-6}）。从整体上来看，酸性硫化物评价指标值有逐年下降的趋势，值得引起关注。

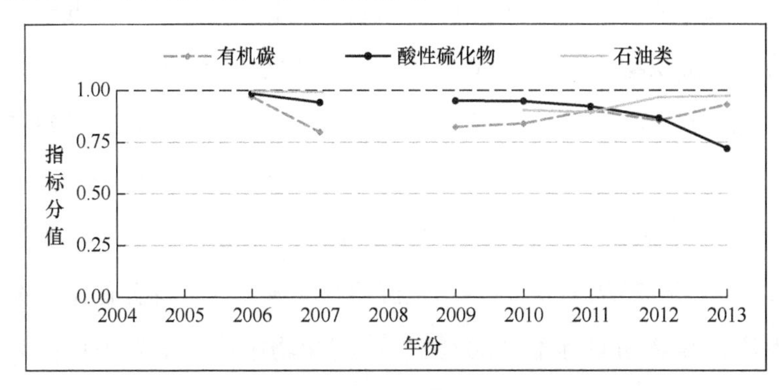

图 3-35　沉积物中有机氮、酸性硫化物、石油类评价指标值

图 3-36 所示为沉积物中重金属评价指标值，该研究海域沉积物中重金属含量安全指标分值在 2006—2013 年基本处于安全指标范围内，且波动范围较小，其中 2013 年锌的安全评价指标

分值为 0.69，处于亚安全（0.50～0.75）范围内。沉积物中汞含量年平均值为 0.051×10^{-6}（干重），变化范围为 0.013×10^{-6}～0.074×10^{-6}，各站位沉积物中汞含量均低于一类海洋沉积物质量标准（0.2×10^{-6}）；沉积物中铜含量年平均值为 20.94×10^{-6}（干重），变化范围为 3.95×10^{-6}～32.2×10^{-6}，沉积物中铜含量达一类海洋沉积物质量标准（35.0×10^{-6}）；沉积物中锌含量年平均值为 97.98×10^{-6}（干重），变化范围为 22.22×10^{-6}～263.56×10^{-6}，大部分站位沉积物中锌含量均低于一类海洋沉积物质量标准（150×10^{-6}），除了 2013 年检测沉积物中锌含量高达 263.56×10^{-6}，处于亚安全范围内属于二类海洋沉积物质量标准（150×10^{-6}～350×10^{-6}）；沉积物中镉含量年平均值为 0.17×10^{-6}（干重），变化范围为 0.031×10^{-6}～0.26×10^{-6}，各站位沉积物中镉含量均低于一类海洋沉积物质量标准（0.5×10^{-6}）；沉积物中铅含量年平均值为 23.77×10^{-6}（干重），变化范围为 0.12×10^{-6}～43.62×10^{-6}，各站位沉积物中铅含量均低于一类海洋沉积物质量标准（60×10^{-6}）；沉积物中砷含量年平均值为 14.19×10^{-6}（干重），变化范围为 7.33×10^{-6}～23.78×10^{-6}，各站位沉积物中砷含量大部分低于一类海洋沉积物质量标准（60×10^{-6}）；沉积物中铬含量年平均值为 29.14×10^{-6}（干重），变化范围为 2.45×10^{-6}～59.7×10^{-6}，各站位沉积物中铬含量大部分低于一类海洋沉积物质量标准（80×10^{-6}）。

图 3-37 所示为港口工业与城镇用海区沉积物安全关键制约因子，从 2006—2013 年沉积物质量安全要素因子评价指标值的变化

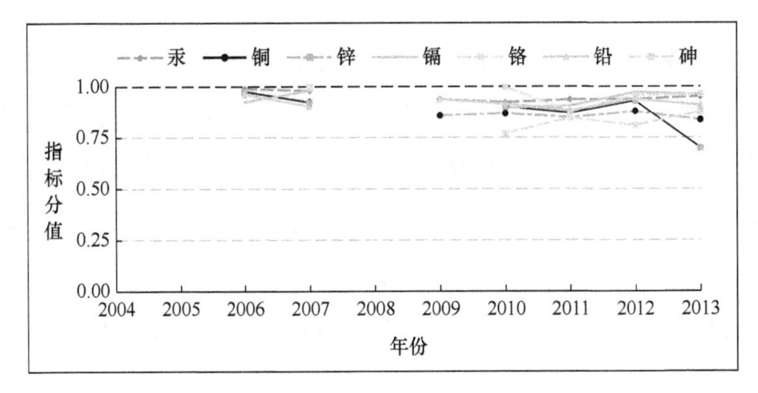

图 3-36　沉积物中重金属评价指标值

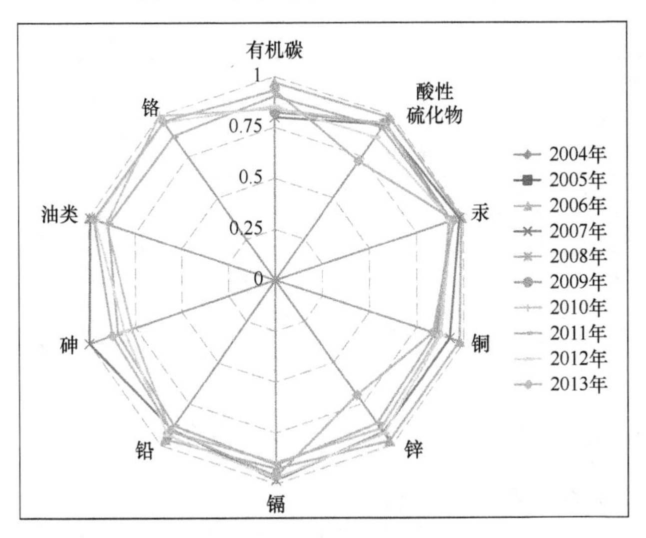

图 3-37　港口工业与城镇用海区沉积物安全关键制约因子

情况来看，制约沉积物质量安全的关键因子为锌、有机碳、砷。但是，从每年影响沉积物质量安全关键因子的情况来看，关键因子有波动，是一个动态的变化过程。2006 年影响沉积物质量安全的关键制约因子为有机碳、铅、镉；2007 年影响沉积物质量安全的关键制约因子为有机碳、铅、锌；2009 年影响沉积物质量安全的关键制约因子为有机碳、铅、铜；2010 年影响沉积物质量安全的关键制约因子为有机碳、铜、砷；2011 年影响沉积物质量安全的关键制约因子为锌、铜、砷；2012 年影响沉积物质量安全的关键制约因子为有机碳、酸性硫化物、砷；2013 年影响沉积物质量安全的关键制约因子为锌、酸性硫化物、铜，如表 3-11 所示。

表 3-11　港口与城镇用海区沉积物质量安全关键制约因子

年份	关键制约因子		
2006	有机碳	铅	镉
2007	有机碳	铅	锌
2009	有机碳	铅	铜
2010	有机碳	铜	砷
2011	锌	铜	砷
2012	有机碳	酸性硫化物	砷
2013	锌	酸性硫化物	铜

6. 钦州湾外湾养殖区支持服务安全评价

1）初级生产力安全评价

初级生产力安全评价指标体系中初级生产力采用叶绿素检测值来计算，计算公式为 $\frac{cha \times 3.7 \times 9 \times 10}{2}$。图 3-38 所示为钦州湾旅游休闲娱乐区 2004—2013 年初级生产力评价指标值。

从整体来看，2009—2011 年评价指标分值分别为 0.62、0.70、0.52，处于亚安全范围内（0.50～0.75）；叶绿素含量平均值为

2.63μg/L，变化范围为 1.30～4.35μg/L；初级生产力平均值为 437.56mg • C/m^2 • d，变化范围为 216.45～724.27mg • C/m^2 • d。2012—2013 年初级生产力水平改善，初级生产力评价指标分值分别为 0.78、0.80，进入安全状态范围内（0.75～1.00），年叶绿素含量平均值为 4.05μg/L，变化范围为 1.80～6.80μg/L，初级生产力平均值为 583.59mg •C/m^2 •d，变化范围为 299.7～849.15mg •C/m^2 •d，估算出的初级生产力指标分值处于安全范围内（0.75～1.00），从图 3-38 中可以看出该区域初级生产力有改善向好的趋势。

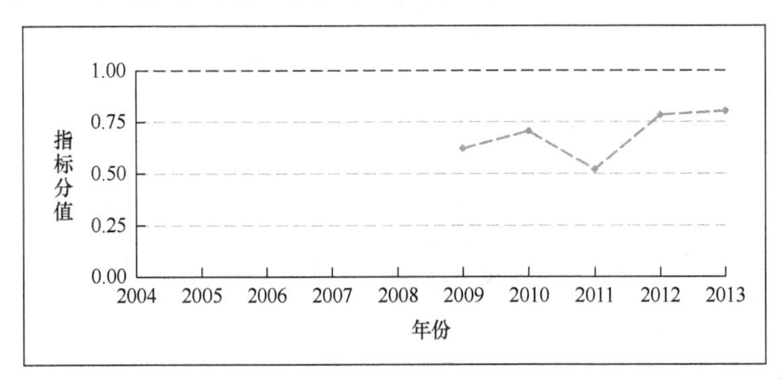

图 3-38　初级生产力评价指标值

2）水质安全评价

水质安全评价指标体系中选取影响钦州湾水环境质量的指标为溶解氧、pH 值、活性磷酸盐、无机氮、化学需氧量、生化需氧量、悬浮物、石油类。图 3-39 所示为溶解氧、pH 值、活性磷酸盐、无机氮评价指标值，图 3-40 所示为化学需氧量、生化需氧量、悬浮物、石油类评价指标值。

（1）溶解氧。调查水域 *DO* 的安全指标分值在安全范围内波动，即2004—2013年基本上处于安全的范围内（0.75～1.00），评价指标数值变化范围为 0.76～0.84，水体中 *DO* 值变化范围为 6.04～8.30mg/L，平均为7.15mg/L，各年度差别变化不大。

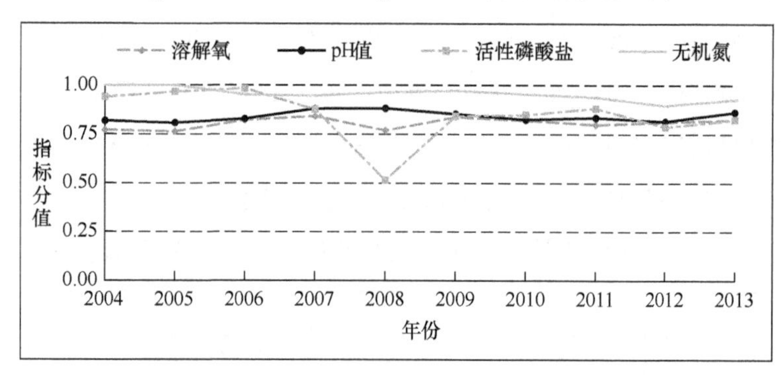

图 3-39　溶解氧、pH 值、活性磷酸盐、无机氮评价指标值

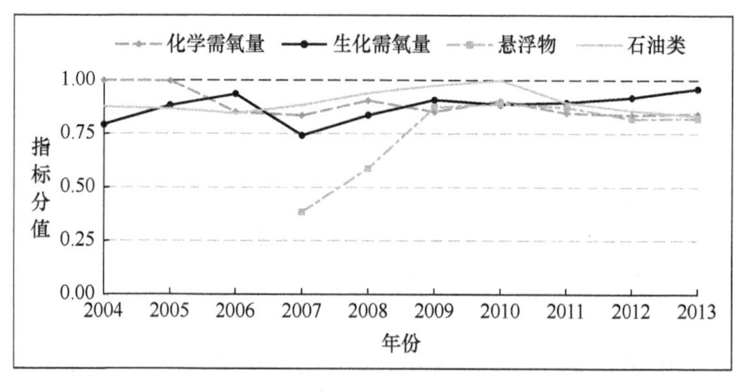

图 3-40　化学需氧量、生化需氧量、悬浮物、石油类评价指标值

（2）pH 值。调查水域 pH 值变化范围为 7.87～8.19，平均值为 8.05。pH 值的安全指标分值大都处在安全范围内（0.75～1.00）。从整体来看，2004—2013 年都处于安全范围内，且上下波动不大。

（3）活性磷酸盐。调查水域水体活性磷酸盐浓度在 2004—2007 年达到一类海水水质标准（<0.015mg/L），即其安全指数分值处于安全范围内（0.75～1.00）；2008 年活性磷酸盐评价指标值下降到 0.51，进入亚安全范围内，对应的测试值为 0.0291mg/L。随后的 2009—2013 年，活性磷酸盐浓度处于一类海水水质标准（<0.015mg/L），即其安全指数分值处于亚安全范围内（0.50～0.75），水体中活性磷酸盐平均浓度为 0.0128mg/L；从总的趋势来看，活性磷酸盐评价指标值处于安全区间内。

（4）无机氮。调查水域无机氮浓度在 2004—2013 年达到一类海水水质标准（<0.2mg/L），即其安全指数分值处于安全范围内（0.75～1.00），无机氮浓度变化范围为 0.002～0.078mg/L，无机氮平均浓度为 0.487mg/L。从 2004—2013 年这 10 年无机氮评价指标值来看，无机氮处在较好的安全区。

（5）化学需氧量。调查水域海水 *COD* 安全指标分值在 2004—2010 年处于安全范围内（0.75～1.00），为一类海水水质标准（<2mg/L）；评价指标值处于 0.83～0.99，处在安全范围内。从整个变化趋势上来看，调查水域海水水质保持平稳。

（6）生化需氧量。调查水域海水 *BOD* 安全指标分值在 2004—2013 年处于安全范围内（0.75～1.00），评价指标值变化范围 0.75～0.93；2007 年生化需氧量的状态稍微有所下降，但还是处在安全范围内，海水 *BOD* 平均值为 0.69mg/L；2008—2013 年生化需氧量有向好的趋势，且一直处在安全范围内。

（7）悬浮物。从整体来看，调查水域悬浮物安全指标分值从2007—2013 年呈现增加的趋势，也就是水体中悬浮物浓度呈现减小的趋势；2007 年调查水域悬浮物安全指标分值为 0.38，处于不安全状态范围内，海水中悬浮物浓度平均值为 70.50mg/L；随后，2009—2013 年评价指标值呈现增加的趋势，也就是水体中悬浮物浓度呈现减少的趋势，并进入安全状态范围（0.75～1.00），2013 年为 0.82，处于安全状态范围内，对应的水体中悬浮物浓度值为 15.00mg/L。

（8）石油类。从整体来看，调查水域 2004—2013 年石油类安全指标分值处于 0.83～0.99，保持在安全范围内（0.75～1.00），对应的年平均检测值为 0.027mg/L，各年评价指标值基本保持稳定。

图 3-41 所示为钦州湾外湾养殖区水质安全关键制约因子，从 2004—2013 年水质安全要素因子评价指标值的变化情况来看，制约水质安全的关键因子为 pH 值、溶解氧、悬浮物。但是从每年影响水质安全关键因子的情况来看，关键因子有波动，是一个动态的变化过程。2004 年影响水质安全的关键制约因子为生化需氧量、pH 值、溶解氧；2005 年影响水质安全的关键制约因子为石油类、pH 值、溶解氧；2006 年影响水质安全的关键制约因子为石油类、pH 值、溶解氧；2007 年影响水质安全的关键制约因子为化学需氧量、生化需氧量、悬浮物；2008 年影响水质安全的关键制约因子为悬浮物、活性磷酸盐、溶解氧；2009 年影响水质安全的关键制约因子为化学需氧量、活性磷酸盐、溶解氧；2010 年影响水质安全的关键制约因子为活性磷酸盐、pH 值、溶解氧；2011 年影响水

质安全的关键制约因子为化学需氧量、pH 值、溶解氧；2012 年影响水质安全的关键制约因子为活性磷酸盐、pH 值、溶解氧；2013 年影响水质安全的关键制约因子为悬浮物、溶解氧、活性磷酸盐，如表 3-12 所示。

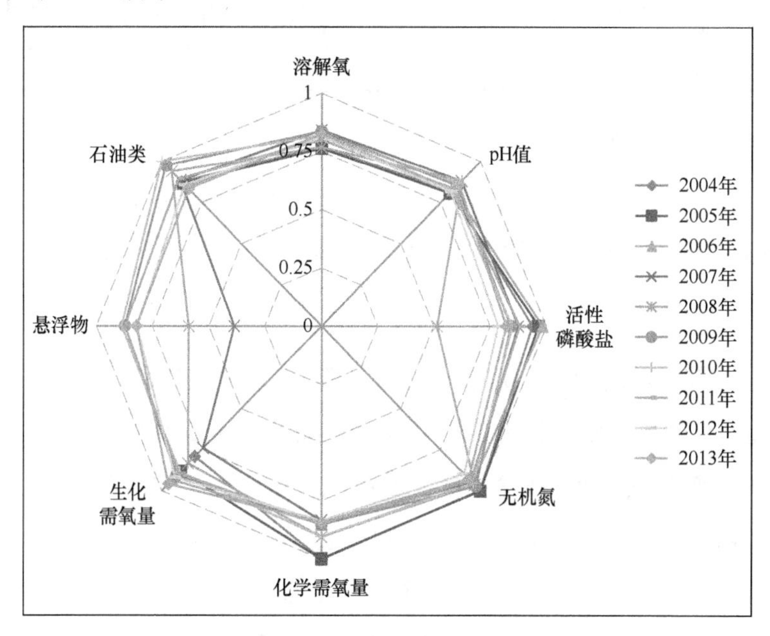

图 3-41　钦州湾外湾养殖区水质安全关键制约因子

表 3-12　钦州湾外湾养殖区水质安全关键制约因子

年份	关键制约因子		
2004	生化需氧量	pH 值	溶解氧
2005	石油类	pH 值	溶解氧
2006	石油类	pH 值	溶解氧
2007	化学需氧量	生化需氧量	悬浮物
2008	悬浮物	活性磷酸盐	溶解氧

（续表）

年份	关键制约因子		
2009	化学需氧量	活性磷酸盐	溶解氧
2010	活性磷酸盐	pH 值	溶解氧
2011	化学需氧量	pH 值	溶解氧
2012	活性磷酸盐	pH 值	溶解氧
2013	悬浮物	溶解氧	活性磷酸盐

3）沉积物安全评价

沉积物安全评价指标体系中选取影响钦州湾沉积物质量的指标有 10 个，分别为有机碳、酸性硫化物、汞、铜、锌、镉、铅、砷、石油类、铬。

图 3-42 所示为沉积物中有机氮、酸性硫化物、石油类评价指标值，该研究海域沉积物中有机碳、酸性硫化物和石油类在 2006—2013 年基本上处于安全指标范围内（0.75～1.00），除了石油类在 2013 年评价指标分值 0.74 处于亚安全范围（0.50～0.75）。其中，有机碳年平均数为 0.72%（干重），变化范围为 0.05%～1.12%，评价指标值最高为 0.99，最低值为 0.82；酸性硫化物年平均为 86.58×10^{-6}（干重），变化范围为 6.20×10^{-6}～182.07×10^{-6}，各站位沉积物中酸性硫化物含量均低于一类海洋沉积物质量标准（300×10^{-6}）；石油类年平均数为 222.39×10^{-6}（干重），变化范围为 2.63×10^{-6}～491.05×10^{-6}，各站位沉积物中石油类含量年份均低于一类海洋沉积物质量标准（500×10^{-6}）。从整体上来看，沉积物中石油类评价指标值跌入亚安全区值得引起关注。

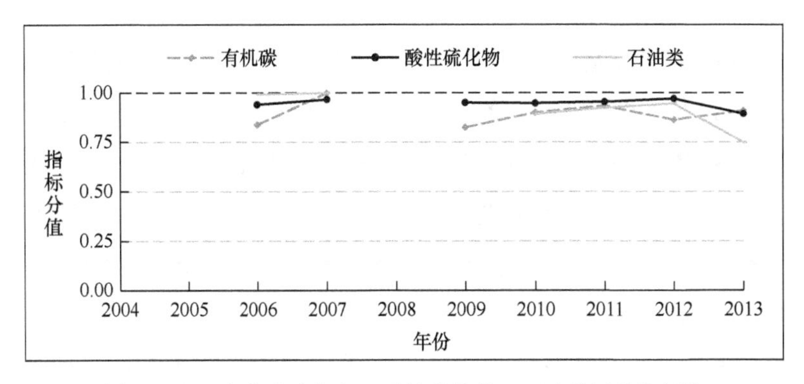

图 3-42　沉积物中有机氮、酸性硫化物、石油类评价指标值

图 3-43 所示为沉积物中重金属评价指标值，该研究海域沉积物中重金属含量安全指标分值在 2006—2013 年基本上处于安全指标范围内，且波动范围较小，除了 2009 年砷的安全评价指标分值为 0 在处于病态区域（0.00～0.50）范围内。沉积物中汞含量年平均值为 0.049×10^{-6}（干重），变化范围为 0.006×10^{-6}～0.11×10^{-6}，各站位沉积物中汞含量均低于一类海洋沉积物质量标准（0.2×10^{-6}）；沉积物中铜含量年平均值为 11.19×10^{-6}（干重），变化范围为 1.41×10^{-6}～14.31×10^{-6}，沉积物中铜含量达一类海洋沉积物质量标准（35.0×10^{-6}）；沉积物中锌含量年平均值为 58.25×10^{-6}（干重），变化范围为 43×10^{-6}～98.08×10^{-6}，大部分站位沉积物中锌含量均低于一类海洋沉积物质量标准（150×10^{-6}）；沉积物中镉含量年平均值为 0.139×10^{-6}（干重），变化范围为 0.04×10^{-6}～0.175×10^{-6}，各站位沉积物中镉含量均为低于一类海洋沉积物质量标准（0.5×10^{-6}）；沉积物中铅含量年平均值为 19.76×10^{-6}（干重），变化范围为 0.12×10^{-6}～36.05×10^{-6}，各站位沉积物中铅含量均为低于一类海洋沉积物质量标准（60×10^{-6}）；

沉积物中砷含量年平均值为 14.29×10^{-6}（干重），变化范围为 7.10×10^{-6}～25.35×10^{-6}，各站位沉积物中砷含量大部分低于一类海洋沉积物质量标准（60×10^{-6}）；沉积物中铬含量年平均值为 19.06×10^{-6}（干重），变化范围为 2×10^{-6}～33.08×10^{-6}，各站位沉积物中铬含量大部分低于一类海洋沉积物质量标准（80×10^{-6}）。从整体上来看，沉积物中重金属处于安全范围内。

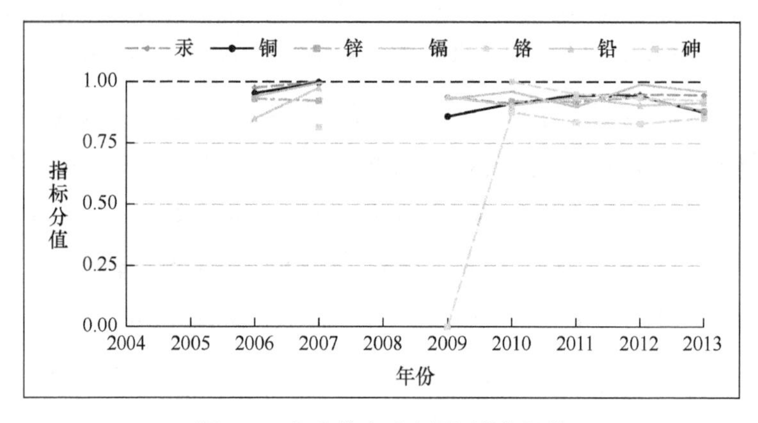

图 3-43　沉积物中重金属评价指标值

图 3-44 所示为钦州湾外湾养殖区沉积物安全关键制约因子，从 2006—2013 年沉积物质量的安全要素因子评价指标值的变化情况来看，制约沉积物质量安全的关键因子为铅、有机碳、砷。但是，从每年影响沉积物质量安全的关键因子的情况来看，关键因子有波动，是一个动态的变化过程。2006 年影响沉积物质量安全的关键制约因子为有机碳、锌、铅；2007 年影响沉积物质量安全的关键制约因子为酸性硫化物、锌、砷；2009 年影响沉积物质量安全的关键制约因子为有机碳、铜、砷；2010 年影响沉积物质量

安全的关键制约因子为有机碳、油类、砷；2011 年影响沉积物质量安全的关键制约因子为锌、镉、砷；2012 年影响沉积物质量安全的关键制约因子为有机碳、铅、砷；2013 年影响沉积物质量安全的关键制约因子为铜、砷、油类，如表 3-13 所示。

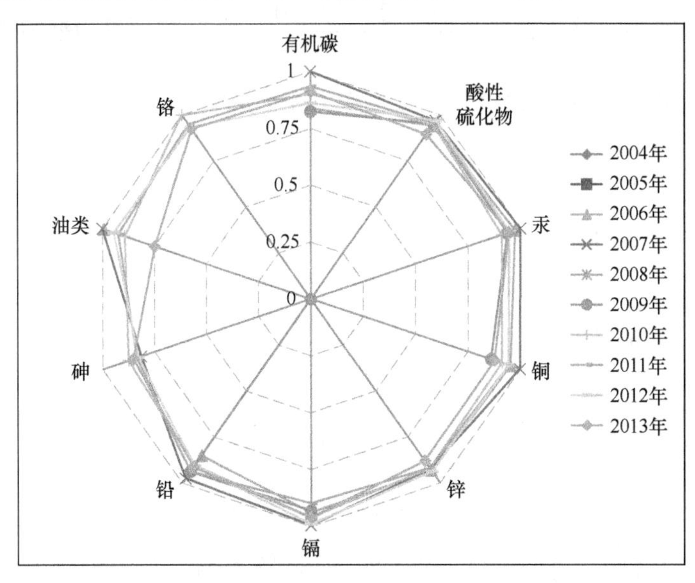

图 3-44　钦州湾外湾养殖区沉积物安全关键制约因子

表 3-13　钦州湾外湾养殖区沉积物质量安全关键制约因子

年份	关键制约因子		
2006	有机碳	锌	铅
2007	酸性硫化物	锌	砷
2009	有机碳	铜	砷
2010	有机碳	油类	砷
2011	锌	镉	砷
2012	有机碳	铅	砷
2013	铜	砷	油类

7. 钦州湾外海保护区支持服务安全评价

1）初级生产力安全评价

初级生产力安全评价指标体系中初级生产力采用叶绿素检测值来计算，计算公式为$\frac{cha \times 3.7 \times 9 \times 10}{2}$。图 3-45 所示为钦州湾外海保护区 2004—2013 年初级生产力评价指标值。

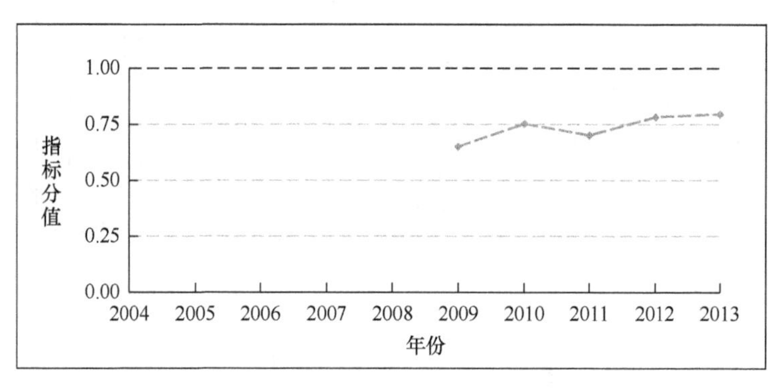

图 3-45　初级生产力评价指标值

从整体来看，2009 年、2011 年评价指标分值分别为 0.65、0.70，处于亚安全范围内（0.50～0.75），叶绿素含量平均值为 2.83μg/L，变化范围为 1.51～4.25μg/L，初级生产力平均值为 420.06mg・C/m^2・d。2012—2013 年初级生产力水平改善，初级生产力评价指标分值分别为 0.78、0.79，进入安全状态范围内（0.75～1.00），年叶绿素含量平均值为 1.95μg/L，初级生产力平均值为 324.67mg・C/m^2・d，变化范围为 219.7～649.15mg・C/m^2・d，初级生产力评价指标分值处于亚安全范围内。由图 3-45 可见，该区域初级生产力评价指标值逐步增加，有进入安全状态并逐步提高的趋势。

2）水质安全评价

水质安全评价指标体系中选取影响钦州湾水环境质量的指标为溶解氧、pH 值、活性磷酸盐、无机氮、化学需氧量、生化需氧量、悬浮物、石油类。图 3-46 所示为溶解氧、pH 值、活性磷酸盐、无机氮评价指标值，图 3-47 所示为化学需氧量、生化需氧量、悬浮物、石油类评价指标值。

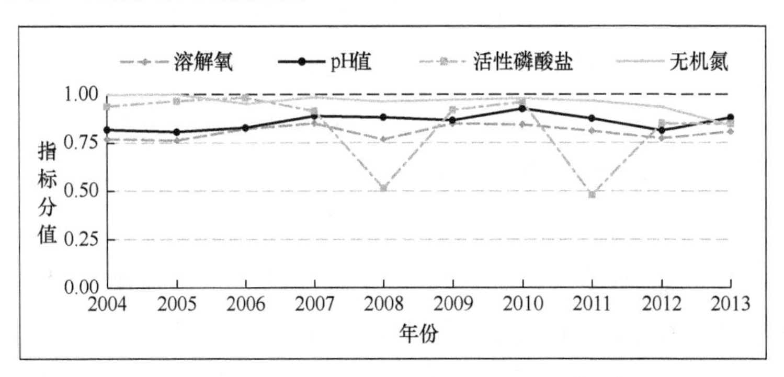

图 3-46　溶解氧、pH 值、活性磷酸盐、无机氮评价指标值

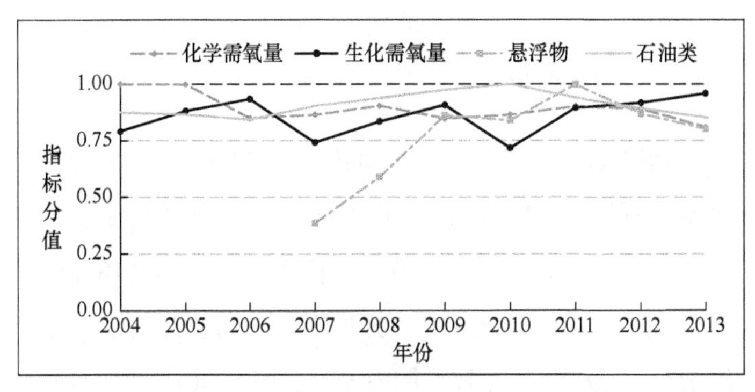

图 3-47　化学需氧量、生化需氧量、悬浮物、石油类评价指标值

（1）溶解氧。调查水域 DO 的安全指标分值处在安全范围内

波动，即 2004—2013 年基本上处于安全的范围内（0.75～1.00），评价指标数值变化范围为 0.76～0.86，水体中 *DO* 值变化范围为 7.10～7.78mg/L，平均为 7.44mg/L，各年度差别变化不大。

（2）pH 值。调查水域 pH 值变化范围为 8.15～8.29，平均值为 8.21，pH 值的安全指标分值大都处在安全范围内（0.75～1.00）。从整体来看，2004—2013 年都处于安全范围内，且上下波动不大。

（3）活性磷酸盐。调查水域水体活性磷酸盐浓度在 2004—2007 年达到一类海水水质标准（<0.015mg/L），即其安全指数分值处于安全范围内（0.75～1.00）；2008 年活性磷酸盐评价指标值下降到 0.51，进入亚安全范围内，对应的测试值为 0.0291mg/L。随后的 2009—2010 年活性磷酸盐浓度处于一类海水水质标准（<0.015mg/L），即其安全指数分值处于亚安全范围内（0.50～0.75），水体中活性磷酸盐平均浓度为 0.0125mg/L；2011 年活性磷酸盐评价指标值又下降到 0.48；2012—2013 年回升到安全状态范围内（0.75～1.00）。从总的趋势来看，除了 2008 年、2011 年，其余各年活性磷酸盐评价指标值处于安全区间内。

（4）无机氮。调查水域无机氮浓度在 2004—2013 年达到一类海水水质标准（<0.2mg/L），即其安全指数分值处于安全范围内（0.75～1.00），无机氮浓度变化范围为 0.013～0.018mg/L，无机氮平均浓度为 0.15mg/L。从 2004—2013 年这 10 年无机氮评价指标值来看，无机氮处在较好的安全区，但是 2012 年开始评价指标值有所下降，2013 年下降到最低点 0.84，值得引起关注。

（5）化学需氧量。调查水域海水 *COD* 安全指标分值在 2004—2013 年处于安全范围内（0.75～1.00），为一类海水水质标准（<2mg/L）；评价指标值在 0.80～0.99，处在安全范围内；2013 化学需氧量评价指标值下降到低点 0.80，对应的检测平均值 1.00mg/L。从整个变化趋势上来看，调查水域海水水质保持平稳。

（6）生化需氧量。调查水域海水 *BOD* 安全指标分值在 2004—2013 年处于安全与亚安全范围内波浪状起伏，评价指标值变化范围 0.71～0.93；2007 年生化需氧量的状态稍微有所下降，为 0.74，处在亚安全范围内，海水 *BOD* 平均值为 1.06mg/L；2008 年、2009 年评价指标值上升到安全区范围内，2010 年下降到 0.71，为亚安全状态；2011—2013 年生化需氧量有向好的趋势，且一直处在安全范围内。

（7）悬浮物。从整体来看，调查水域悬浮物安全指标分值从 2007—2013 年呈现增加的趋势，也就是水体中悬浮物浓度呈现减小的趋势；2007 年调查水域悬浮物安全指标分值为 0.38，处于不安全状态范围内，海水中悬浮物浓度平均值为 70.50mg/L；随后，2009—2013 年评价指标值呈现增加的趋势，也就是水体中悬浮物浓度呈现减少的趋势，并进入安全状态范围（0.75～1.00），2013 年为 0.80，处于安全状态范围内，对应的水体中悬浮物浓度值为 15.00mg/L。

（8）石油类。从整体来看，调查水域 2004—2013 年石油类安全指标分值在 0.84～0.99，保持在安全范围（0.75～1.00）内，对应的年平均检测值为 0.027mg/L。各年评价指标值基本保持在安全范围内，2010 年后评价指标值一直下降，到 2013 年为 0.85，值得引起关注。

图 3-48 所示为钦州湾外海保护区水质安全关键制约因子，从 2004—2013 年水质安全要素因子评价指标值的变化情况来看，制约水质安全的关键因子为活性磷酸盐、溶解氧、悬浮物。但是，从每年影响水质安全关键因子的情况来看，关键因子有波动，是一个动态的变化过程。2004 年影响水质安全的关键制约因子为 pH 值、生化需氧量、溶解氧；2005 年影响水质安全的关键制约因子为石油类、pH 值、溶解氧；2006 年影响水质安全的关键制约因子为石油类、pH 值、溶解氧；2007 年影响水质安全的关键制约因子为

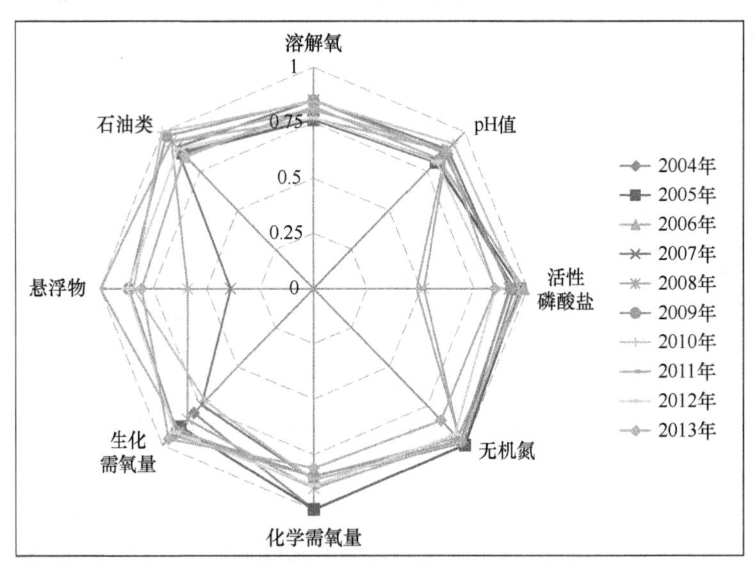

图 3-48　钦州湾外海保护区水质安全关键制约因子

溶解氧、生化需氧量、悬浮物；2008 年影响水质安全的关键制约因子为溶解氧、悬浮物、活性磷酸盐；2009 年影响水质安全的关键制约因子为悬浮物、溶解氧、化学需氧量；2010 年影响水质安全的关键制约因子为溶解氧、悬浮物、生化需氧量；2011 年影响水质安全的关键制约因子为 pH 值、溶解氧、活性磷酸盐；2012 年影响水质安全的关键制约因子为活性磷酸盐、pH 值、溶解氧；2013 年影响水质安全的关键制约因子为化学需氧量、溶解氧、悬浮物，如表 3-14 所示。

表 3-14　钦州湾外海保护区水质安全关键制约因子

年份	关键制约因子		
2004	溶解氧	pH 值	生化需氧量
2005	溶解氧	pH 值	石油类
2006	溶解氧	pH 值	石油类
2007	溶解氧	悬浮物	生化需氧量
2008	溶解氧	悬浮物	活性磷酸盐
2009	溶解氧	悬浮物	化学需氧量
2010	溶解氧	悬浮物	生化需氧量
2011	溶解氧	pH 值	活性磷酸盐
2012	溶解氧	pH 值	活性磷酸盐
2013	溶解氧	悬浮物	化学需氧量

3）沉积物安全评价

沉积物安全评价指标体系中选取影响钦州湾沉积物质量的指标有 10 个，分别为有机碳、酸性硫化物、汞、铜、锌、镉、铅、砷、石油类、铬。

图 3-49 所示为沉积物中有机氮、酸性硫化物、石油类评价指标

值，该研究海域沉积物中有机碳、酸性硫化物和石油类在 2006—2013 年基本上处于安全指标范围内（0.75～1.00），除了石油类在 2013 年评价指标分值 0.74，处于亚安全范围（0.50～0.75）。其中，有机碳年平均数为 0.72%（干重），变化范围为 0.05%～1.12%，评价指标值最高为 0.99，最低值为 0.82；酸性硫化物年平均为 86.58×10^{-6}（干重），变化范围为 6.20×10^{-6}～182.07×10^{-6}，各站位沉积物中酸性硫化物含量均为低于一类海洋沉积物质量标准（300×10^{-6}）；石油类年平均数为 222.39×10^{-6}（干重），变化范围为 2.63×10^{-6}～491.05×10^{-6}，各站位沉积物中石油类含量年份均为低于一类海洋沉积物质量标准（500×10^{-6}）。

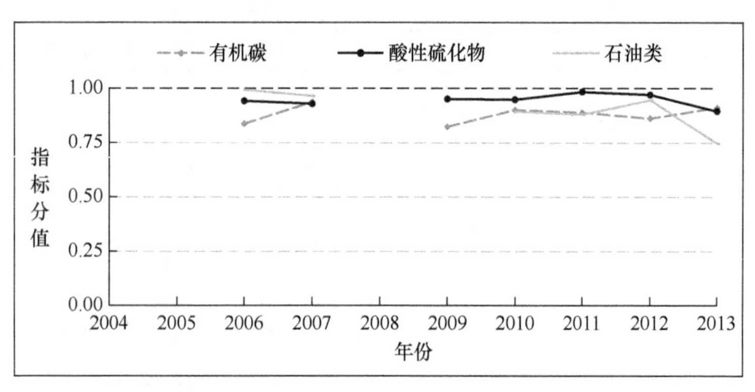

图 3-49　沉积物中有机氮、酸性硫化物、石油类评价指标值

图 3-50 所示为沉积物中重金属评价指标值，该研究海域沉积物中重金属含量安全指标分值在 2006—2013 年基本上处于安全指标范围内，且波动范围较小，除了 2009 年砷的安全评价指标分值为 0，处于病态区域（0.00～0.50）范围内。沉积物中汞含量年平均值为 0.049×10^{-6}（干重），变化范围为 0.006×10^{-6}～0.11×10^{-6}，各站位沉积物中汞含量均低于一类海洋沉积物质量标准

（0.2×10^{-6}）；沉积物中铜含量年平均值为 11.19×10^{-6}（干重），变化范围为 1.41×10^{-6}～14.31×10^{-6}，沉积物中铜含量达一类海洋沉积物质量标准（35.0×10^{-6}）；沉积物中锌含量年平均值为 58.25×10^{-6}（干重），变化范围为 43×10^{-6}～98.08×10^{-6}，大部分站位沉积物中锌含量均低于一类海洋沉积物质量标准（150×10^{-6}）；沉积物中镉含量年平均值为 0.139×10^{-6}（干重），变化范围为 0.04×10^{-6}～0.175×10^{-6}，各站位沉积物中镉含量均低于一类海洋沉积物质量标准（0.5×10^{-6}）；沉积物中铅含量年平均值为 19.76×10^{-6}（干重），变化范围为 0.12×10^{-6}～36.05×10^{-6}，各站位沉积物中铅含量均低于一类海洋沉积物质量标准（60×10^{-6}）；沉积物中砷含量年平均值为 14.29×10^{-6}（干重），变化范围为 7.10×10^{-6}～25.35×10^{-6}，各站位沉积物中砷含量大部分低于一类海洋沉积物质量标准（60×10^{-6}）；沉积物中铬含量年平均值为 19.06×10^{-6}（干重），变化范围为 2×10^{-6}～33.08×10^{-6}，各站位沉积物中铬含量大部分低于一类海洋沉积物质量标准（80×10^{-6}）。从整体来看，沉积物中重金属处于安全范围内。

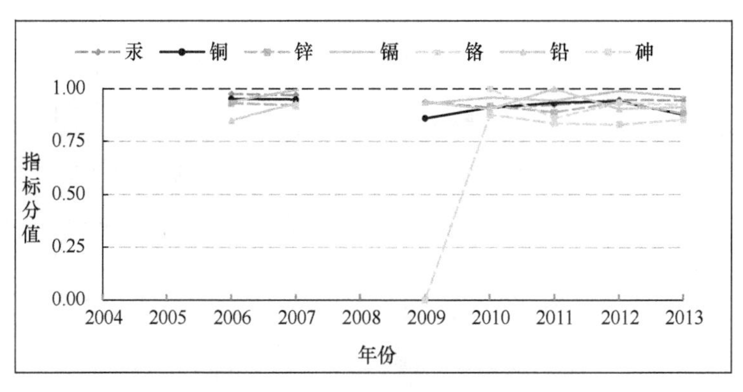

图 3-50　沉积物中重金属评价指标值

图 3-51 所示为钦州湾外海保护区沉积物安全关键制约因子，从 2006—2013 年沉积物质量安全要素因子评价指标值的变化情况来看，制约沉积物质量安全的关键因子为铅、有机碳、砷。但是，从每年影响沉积物质量安全的关键因子的情况来看，关键因子是波动，也是一个动态的变化过程。2006 年影响沉积物质量安全的关键制约因子为有机碳、锌、铅；2007 年影响沉积物质量安全的关键制约因子为酸性硫化物、锌、砷；2009 年影响沉积物质量安全的关键制约因子为有机碳、铜、砷；2010 年影响沉积物质量安全的关键制约因子为有机碳、油类、砷；2011 年影响沉积物质量安全的关键制约因子为油类、砷、铬；2012 年影响沉积物质量安全的关键制约因子为有机碳、铅、砷；2013 年影响沉积物质量安全的关键制约因子为铜、砷、油类，如表 3-15 所示。

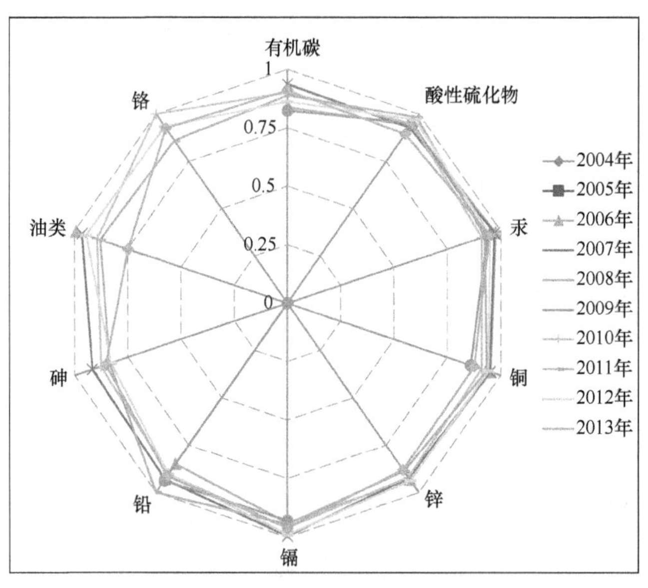

图 3-51　钦州湾外海保护区沉积物安全关键制约因子

表 3-15　钦州湾外海保护区沉积物质量安全关键制约因子

年份	关键制约因子		
2006	有机碳	锌	铅
2007	酸性硫化物	锌	砷
2009	有机碳	铜	砷
2010	有机碳	油类	砷
2011	油类	砷	铬
2012	有机碳	铅	砷
2013	铜	砷	油类

8. 三娘湾海洋保护区支持服务安全评价

1）初级生产力安全评价

初级生产力安全评价指标体系中初级生产力采用叶绿素检测值来计算，计算公式为$\frac{cha\times3.7\times9\times10}{2}$。图 3-52 所示为三娘湾海洋保护区 2004—2013 年初级生产力评价指标值。

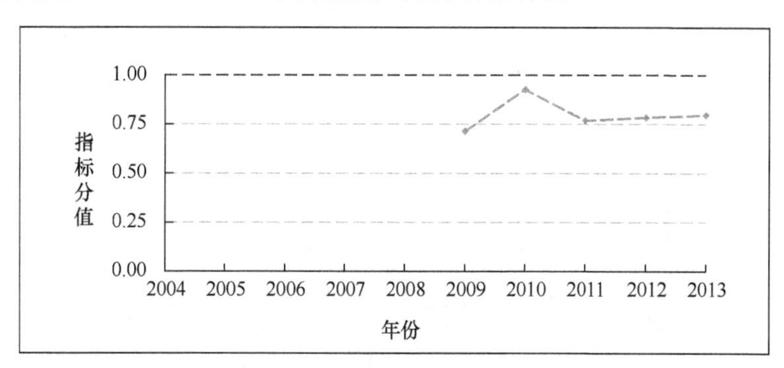

图 3-52　初级生产力评价指标值

从整体来看，2009 年评价指标分值为 0.71，处于亚安全范围内（0.50～0.75），叶绿素含量平均值为 3.24μg/L，变化范围为 1.30～

4.7μg/L，初级生产力平均值为 540.57mg·C/m^2·d，变化范围为 219.36～793.78mg·C/m^2·d。2010—2013 年初级生产力水平改善，初级生产力评价指标分值分别为 0.92、0.76、0.78、0.79，进入安全状态范围内（0.75～1.00），年叶绿素含量平均值为 6.87μg/L，初级生产力平均值为 641.17mg·C/m^2·d，初级生产力指标分值处于安全范围内（0.75～1.00）。由图 3-52 可见，该区域初级生产力评价指标值逐步平稳，有稳定在安全状态内的趋势。

2）水质安全评价

水质安全评价指标体系中选取影响钦州湾水环境质量的指标为溶解氧、pH 值、活性磷酸盐、无机氮、化学需氧量、生化需氧量、悬浮物、石油类。图 3-53 所示为溶解氧、pH 值、活性磷酸盐、无机氮评价指标值，图 3-54 所示为化学需氧量、生化需氧量、悬浮物、石油类评价指标值。

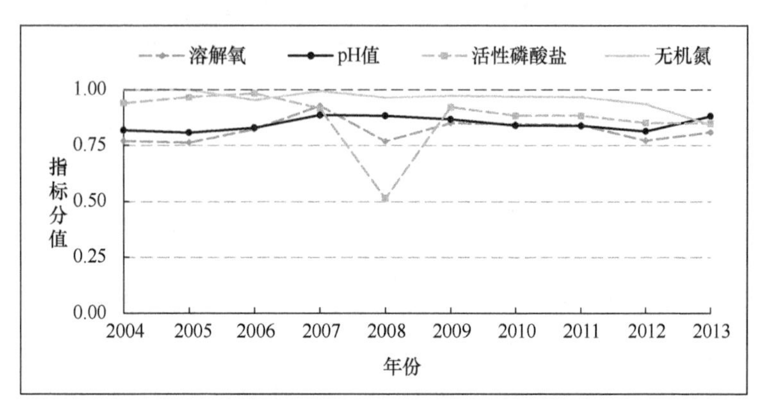

图 3-53 溶解氧、pH 值、活性磷酸盐、无机氮评价指标值

（1）溶解氧。调查水域 *DO* 的安全指标分值处在安全范围内

波动，即 2004—2013 年基本上处于安全的范围内（0.75～1.00），评价指标数值变化范围为 0.76～0.91，水体中 *DO* 值变化范围为 6.01～9.13mg/L，平均为 7.37mg/L，各年度差别变化不大。

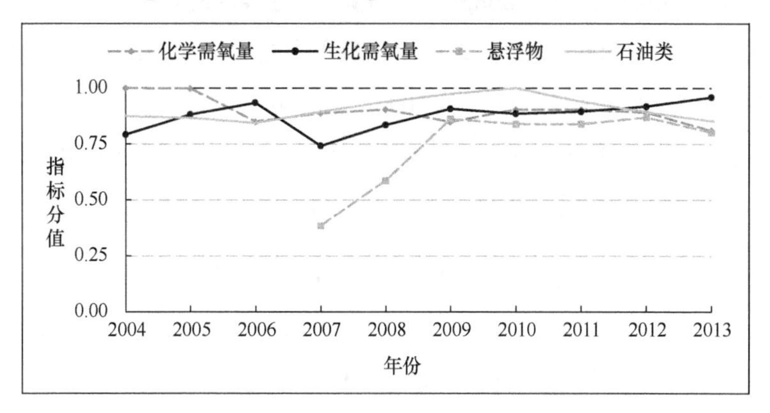

图 3-54　化学需氧量、生化需氧量、悬浮物、石油类评价指标值

（2）pH 值。调查水域 pH 值变化范围为 7.90～8.20，平均值为 8.07，pH 值的安全指标分值大都处在安全范围内（0.75～1.00）。从整体来看，2004—2013 年都处于安全范围内，且上下波动不大。

（3）活性磷酸盐。调查水域水体活性磷酸盐浓度在 2004—2007 年达到一类海水水质标准（<0.015mg/L），即其安全指数分值处于安全范围内（0.75～1.00）；2008 年活性磷酸盐评价指标值下降到 0.51，进入亚安全范围内，对应的测试值为 0.0291mg/L。随后的 2009—2013 年活性磷酸盐浓度处于一类海水水质标准（<0.015mg/L），即其安全指数分值处于亚安全范围内（0.75～1.00），水体中活性磷酸盐平均浓度为 0.0099mg/L。从总的趋势来看，除了 2008 年外，其余各年活性磷酸盐评价指标值处于安全区

间内，且上下波动不大。

（4）无机氮。调查水域无机氮浓度在 2004—2013 年达到一类海水水质标准（<0.2mg/L），即其安全指数分值处于安全范围内（0.75～1.00），无机氮浓度变化范围为 0.013～0.21mg/L，无机氮平均浓度为 0.055mg/L。从 2004—2013 年这 10 年无机氮评价指标值来看，无机氮处在较安全区范围内，但是从 2013 年开始，评价指标值有所下降，下降到最低点 0.84，值得引起注意。

（5）化学需氧量。调查水域海水 *COD* 安全指标分值在 2004—2013 年处于安全范围内（0.75～1.00），为一类海水水质标准（<2mg/L）；评价指标值在 0.80～0.99，处在安全范围内；2013 化学需氧量评价指标值下降到低点 0.82，对应的检测平均值 1.00mg/L。从整个变化趋势上来看，调查水域海水水质保持平稳。

（6）生化需氧量。调查水域海水 *BOD* 安全指标分值在 2004—2013 年处于安全与亚安全范围内，评价指标值变化范围 0.71～0.93；2007 年生化需氧量的状态稍微有所下降，为 0.74，处在亚安全范围内，海水 *BOD* 平均值为 1.06mg/L，随后 2008—2013 年评价指标值上升到安全区范围内（0.75～1.00），且 2011—2013 年生化需氧量有向好的趋势。

（7）悬浮物。从整体来看，调查水域悬浮物安全指标分值从 2007—2013 年呈现增加的趋势，也就是水体中悬浮物浓度呈现减小的趋势，海水中悬浮物浓度变化范围为 2.9～31.00mg/L，海水中悬浮物浓度平均值为 13.37mg/L；2007 年调查水域悬浮物安全指标分值为 0.38，处于不安全状态范围内；随后，2009—2013 年评价指标值呈现增加的趋势，也就是水体中悬浮物浓度呈现减少的趋势，并进入安全状态范围（0.75～1.00），2013 年为 0.80，处于安全状态范围内，对应的水体中悬浮物浓度值为 15.00mg/L。

（8）石油类。从整体来看，调查水域 2004—2013 年石油类安全指标分值在 0.84～0.99，保持在安全范围内（0.75～1.00），对应的年平均检测值为 0.029mg/L。各年评价指标值基本保持在安全范围内，2010 年后评价指标值一直下降，到 2013 年为 0.85，值得引起注意。

图 3-55 所示为三娘湾海洋保护区水质安全关键制约因子，从 2004—2013 年水质安全要素因子评价指标值的变化情况来看，制约水质安全的关键因子为 pH 值、溶解氧、悬浮物。但是，从每年影响水质安全关键因子的情况来看，关键因子有波动，是一个动态的变化过程。2004 年影响水质安全的关键制约因子为 pH 值、生化需氧量、溶解氧；2005 年影响水质安全的关键制约因子为石油类、pH 值、溶解氧；2006 年影响水质安全的关键制约因子为石油类、pH 值、溶解氧；2007 年影响水质安全的关键制约因子为 pH 值、生化需氧量、悬浮物；2008 年影响水质安全的关键制约因子为溶解氧、悬浮物、活性磷酸盐；2009 年影响水质安全的关键制约因子为悬浮物、溶解氧、化学需氧量；2010 年影响水质安全的关键制约因子为溶解氧、悬浮物、pH 值；2011 年影响水质安全的关键制约因子为溶解氧、悬浮物、pH 值；2012 年影响水质安全的关键制约因子为活性磷酸盐、pH 值、溶解氧；2013 年影响水质

安全的关键制约因子为化学需氧量、溶解氧、悬浮物，如表 3-16 所示。

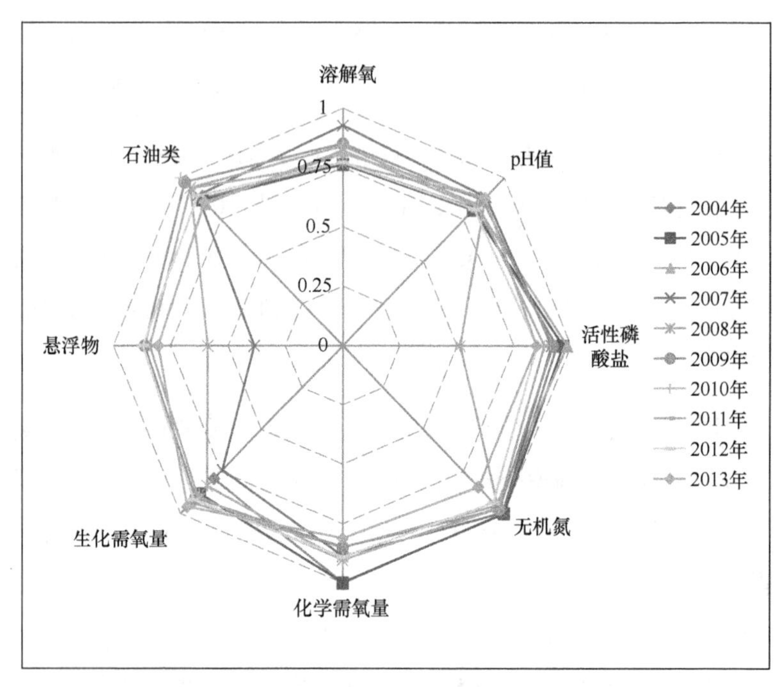

图 3-55　三娘湾海洋保护区水质安全关键制约因子

表 3-16　三娘湾海洋保护区水质安全关键制约因子

年份	关键制约因子		
2004	生化需氧量	pH 值	溶解氧
2005	石油类	pH 值	溶解氧
2006	石油类	pH 值	溶解氧
2007	生化需氧量	pH 值	悬浮物
2008	活性磷酸盐	悬浮物	溶解氧
2009	化学需氧量	悬浮物	溶解氧
2010	悬浮物	pH 值	溶解氧

（续表）

年份	关键制约因子		
2011	悬浮物	pH 值	溶解氧
2012	活性磷酸盐	pH 值	溶解氧
2013	化学需氧量	悬浮物	溶解氧

3）沉积物安全评价

沉积物安全评价指标体系中选取影响钦州湾沉积物质量的指标有 10 个，分别为有机碳、酸性硫化物、汞、铜、锌、镉、铅、砷、石油类、铬。图 3-56 所示为沉积物中有机氮、酸性硫化物、石油类评价指标值，图 3-57 所示为沉积物中重金属评价指标值。

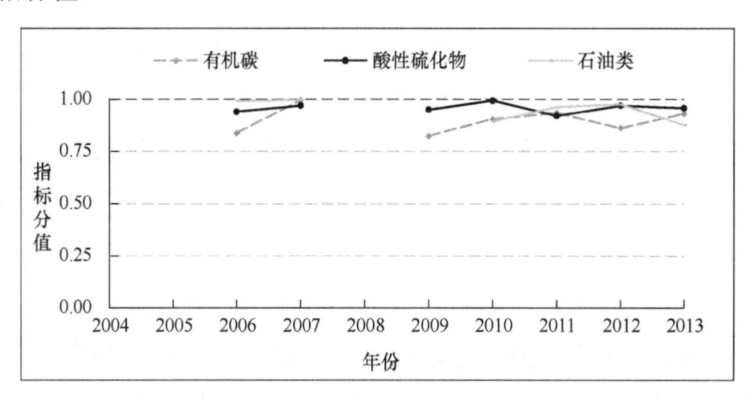

图 3-56　沉积物中有机氮、酸性硫化物、石油类评价指标值

如图 3-56 所示，该研究海域沉积物中有机碳、酸性硫化物和石油类在 2006—2013 年基本上处于安全指标范围内（0.75～1.00）。其中有机碳年平均数为 0.55%（干重），变化范围为 0.07%～1.34%，评价指标值最高为 0.99，最低值为 0.82；酸性硫化物年平均为 56.25×10^{-6}（干重），变化范围为 13.21×10^{-6}～176.76×10^{-6}，各站位

沉积物中酸性硫化物含量均低于一类海洋沉积物质量标准（300×10^{-6}）；石油类年平均数为 106.7×10^{-6}（干重），变化范围为 7.38×10^{-6}～446.14×10^{-6}，各站位沉积物中石油类含量年份均低于一类海洋沉积物质量标准（500×10^{-6}）。从整体上来看，沉积物中有机氮、酸性硫化物、石油类评价指标值均处在安全范围内。

如图 3-57 所示，该研究海域沉积物中重金属含量安全指标分值在 2006—2013 年基本上处于安全指标范围内，且波动范围较小，除了 2011 年砷的安全评价指标分值为 0.71，处于亚安全范围（0.50～0.75）范围内。沉积物中汞含量年平均值为 0.059×10^{-6}（干重），变化范围为 0.015×10^{-6}～0.114×10^{-6}，各站位沉积物中汞含量均低于一类海洋沉积物质量标准（0.2×10^{-6}）；沉积物中铜含量年平均值为 10.03×10^{-6}（干重），变化范围为 1.00×10^{-6}～22.5×10^{-6}，沉积物中铜含量达一类海洋沉积物质量标准（35.0×10^{-6}）；沉积物中锌含量年平均值为 45.45×10^{-6}（干重），变化范围为 14.8×10^{-6}～75.4×10^{-6}，大部分站位沉积物中锌含量均低于一类海洋沉积物质量标准（150×10^{-6}）；沉积物中镉含量年平均值为 0.139×10^{-6}（干重），变化范围为 0.02×10^{-6}～0.36×10^{-6}，各站位沉积物中镉含量均低于一类海洋沉积物质量标准（0.5×10^{-6}）；沉积物中铅含量年平均值为 16.25×10^{-6}（干重），变化范围为 3.8×10^{-6}～34.3×10^{-6}，各站位沉积物中铅含量均低于一类海洋沉积物质量标准（60×10^{-6}）；沉积物中砷含量年平均值为 12.41×10^{-6}（干重），变化范围为 7.9×10^{-6}～23.22×10^{-6}，各站位沉积物中砷含量大部分低于一类海洋沉积物质量标准（60×10^{-6}）；沉积物中

铬含量年平均值为 17.32×10^{-6}（干重），变化范围为 3.4×10^{-6}～31.3×10^{-6}，各站位沉积物中铬含量大部分低于一类海洋沉积物质量标准（80×10^{-6}）。从整体上来看，沉积物中重金属处于安全范围内。

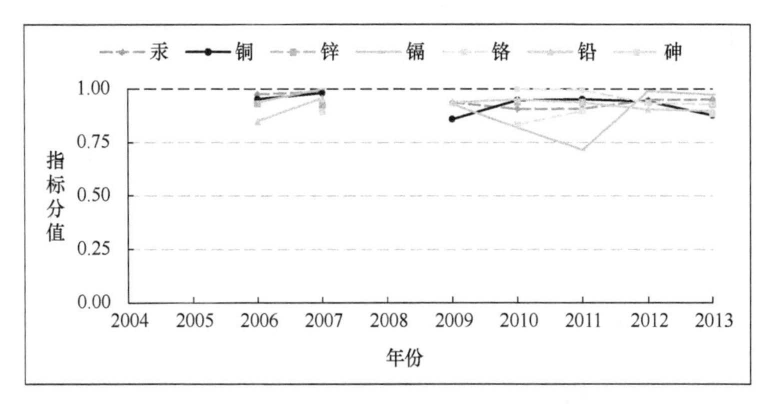

图 3-57　沉积物中重金属评价指标值

图 3-58 所示为钦州湾三娘湾海洋保护区沉积物安全关键制约因子，从 2006—2013 年沉积物质量安全要素因子评价指标值的变化情况来看，制约沉积物质量安全的关键因子为镉、有机碳、砷。但是，从每年影响沉积物质量安全的关键因子的情况来看，关键因子有波动，是一个动态的变化过程。2006 年影响沉积物质量安全的关键制约因子为有机碳、锌、铅；2007 年影响沉积物质量安全的关键制约因子为砷、锌、铅；2009 年影响沉积物质量安全的关键制约因子为有机碳、镉、铜；2010 年影响沉积物质量安全的关键制约因子为砷、油类、镉；2011 年影响沉积物质量安全的关键制约因子为砷、汞、镉；2012 年影响沉积物质量安全的关键制

约因子为砷、有机碳、铅；2013 年影响沉积物质量安全的关键制约因子为砷、铜、油类，如表 3-17 所示：

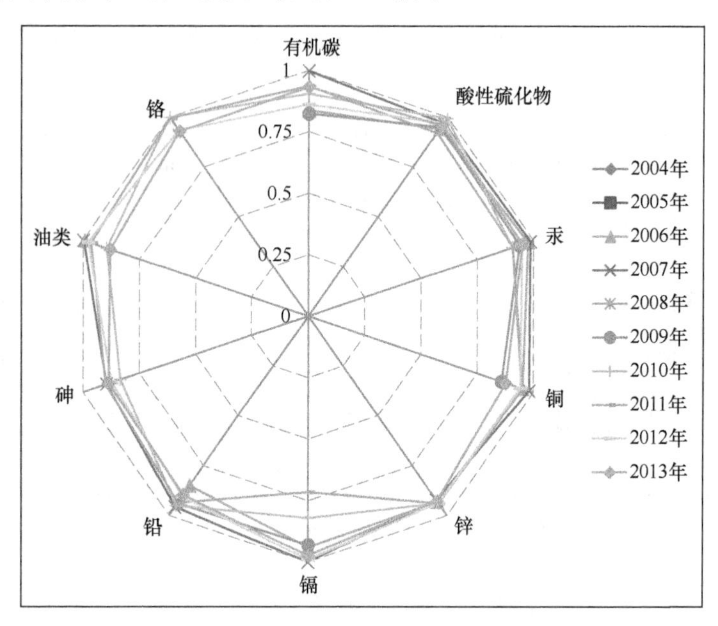

图 3-58　钦州湾三娘湾海洋保护区沉积物安全关键制约因子

表 3-17　三娘湾海洋保护区沉积物质量安全关键制约因子

年份	关键制约因子		
2006	有机碳	锌	铅
2007	砷	锌	铅
2009	有机碳	镉	铜
2010	砷	油类	镉
2011	砷	汞	镉
2012	砷	有机碳	铅
2013	砷	铜	油类

3.2　钦州湾生态系统服务功能评价

3.2.1　钦州湾供应服务安全评价

1. 钦江入海口区供应服务安全评价

1）生物量安全评价

从生物量安全评价指标体系中选取影响钦州湾生物量的指标有 3 个，分别为浮游植物生物量、浮游动物生物量、底栖生物生物量。

如图 3-59 所示，该研究海域内浮游植物安全指标分值从 2010 年的亚安全（0.50～0.75）状态降为 2011 年的不安全状态（0.25～0.50）；浮游动物安全指标分值在 2011 年处于亚安全，在 2012 年处于病态区（0.00～0.25），在 2013 年处于不安全范围，研究区域内浮游动物生物量平均值为 19.75mg/m^3，变化范围为 11.57～32.72mg/m^3；底栖生物安全指标分值 2010—2012 年处于亚安全的范围，2013 年降为不安全状态，研究区域内底栖生物生物量平均值为 31.98g/m^2，变化范围为 21.42～49.67g/m^2。从整体来看，浮游动物评价指标分值过低，底栖生物评价指标分值也有下降的趋势。

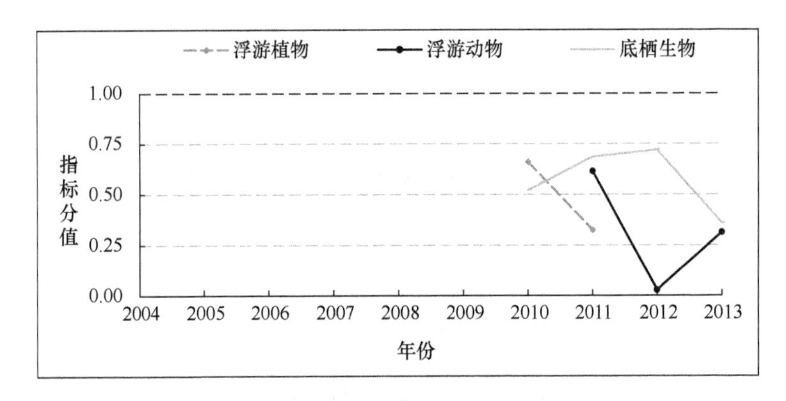

图 3-59　钦江入海口区生物量安全评价指标值

2）生物体污染物评价

生物体污染物评价指标体系中选取影响钦州湾生物量的指标有 8 个，分别为汞（Hg）、砷（As）、铬（Cr）、镉（Cd）、锌（Zn）、铜（Cu）、铅（Pb）、石油烃。

该研究海域调查的海洋生物样品主要有文蛤、毛蚶、虾、近江牡蛎和中华海鲇等。图 3-60 所示为生物体污染物评价指标值，汞在 2010 年前在安全与不安全之间波动，其中 2007 年和 2009 年处于病态和不安全区，近江牡蛎体内汞含量平均为 0.285mg/kg（湿重），2010 年以后基本上处于安全指标范围内，汞含量平均为 0.025mg/kg，变化范围为 0.014～0.046mg/kg。生物样品内铜安全指标分值在 2009—2013 年呈现出先增加后减少的趋势；2011 年为转折点，2011 年前随着时间增加，铜安全指标分值呈现出由病态变为安全的趋势，海洋生物体内铜含量平均值为 15.4mg/kg，变化范围为 2.06～40.1mg/kg（湿重）；2011 年后，随着时间推移，铜安全指标分值呈现出由安全变为病态的趋势，海洋生物体内铜含量平均值为 174.7mg/kg，变化范围为 142.5～207mg/kg（湿重）。海洋生物体内锌安全指标分值 2010—2013 年基本呈现出变好趋势，由病态区直线变化进入到安全区，2013 年较 2012 年略有回落，但还是处于安全区，锌含量变化范围为 6.7～179mg/kg（湿重）。海洋生物体内镉安全指标分值年际间波动较大，其中 2009 年为病态，镉含量平均值为 11.8mg/kg（湿重）；2010 年为亚安全，镉含量平均值为 0.405mg/kg；2011 年为安全，镉含量平均值为 0.329mg/kg；2012 年为不安全，镉含量平均值为 2.17mg/kg；2013 年为亚安全，镉含量平均值为 1.9mg/kg。海洋生物体内铬安全指标分值 2010—2013 年，除 2012 年为亚安全外，其余年份处于安全范围。海洋生物体内铅安全指标分值在 2009 年处于不安全范围，2010—2011 年处于安全范围，2012—2013 年处于亚安全范围；海洋生物体内砷安全指标分值 2009 年，处于病态，2010 年处于安全范围，2011—2012 年处于亚安全范围，2013 年处于安全范围；海洋生物体内石油烃安全指标分值 2010—2013 年除 2011 年为安全外，其余年均处于亚安全范围。

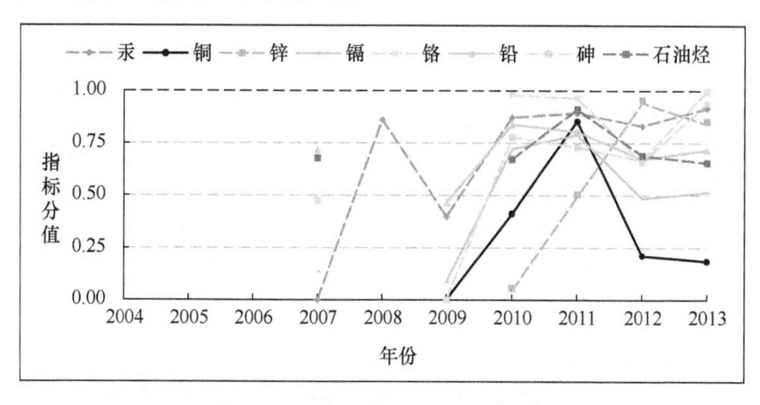

图 3-60 生物体污染物评价指标值

图 3-61 所示为钦江入海口区生物体污染物安全关键制约因子，从 2007—2013 年生物体污染物安全要素因子评价指标值的变化情况来看，制约安全的关键因子为锌（Zn）、镉（Cd）、铜（Cu）。但是，从每年影响生物体污染物安全关键因子的情况来看，关键因子有波动，是一个动态的变化过程，后期石油烃也是关键因子。2007 年影响生物体污染物安全的关键制约因子为砷、汞、镉；2009 年影响生物体污染物安全的关键制约因子为砷、汞、铜；2010 年影响生物体污染物安全的关键制约因子为铜、锌、石油烃；2011 年影响生物体污染物安全的关键制约因子为砷、锌、镉；2012 年影响生物体污染物安全的关键制约因子为铜、镉、铬；2013 年影响生物体污染物安全的关键制约因为铜、镉、石油烃，如表 3-18 所示。

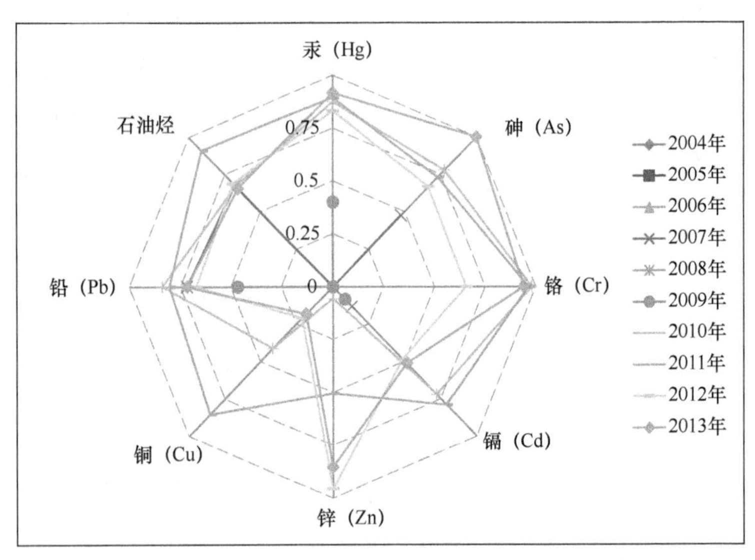

图 3-61　钦江入海口区生物体污染物安全关键制约因子

表 3-18　钦江入海口区生物体污染物安全关键制约因子

年份	关键制约因子		
2007	砷	汞	镉
2009	砷	汞	铜
2010	铜	锌	石油烃
2011	砷	锌	镉
2012	铜	镉	铬
2013	铜	镉	石油烃

2. 茅岭江入海口区供应服务安全评价

1）生物量安全评价

生物量安全评价指标体系中选取影响钦州湾生物量的指标有 3 个，分别为浮游植物生物量、浮游动物生物量、底栖生物生物量。

图 3-62 所示为生物量评价指示值，该研究海域内浮游植物安全指标分值从 2010 年的亚安全（0.50～0.75）状态降为 2011 年的不安全状态（0.25～0.50），2013 年该研究海域内浮游植物评价指标分值为 0.49，处于不安全范围；浮游动物安全指标分值在 2011 年处于亚安全，在 2012 年处于病态区（0.00～0.25），在 2013 年处于不安全范围，研究区域内浮游动物生物量平均值为 19.75mg/m^3，变化范围为 11.57～32.72mg/m^3；底栖生物安全指标分值在 2010—2012 年处于亚安全的范围，在 2013 年降为不安全，研究区域内底栖生物生物量平均值为 31.98g/m^2，变化范围为 21.42～49.67g/m^2。从整体来看，浮游动物评价指标分值过低，底栖生物评价指标分值也有下降的趋势。

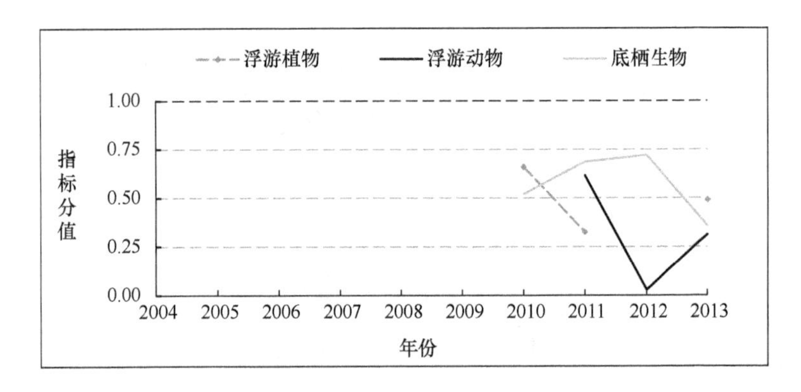

图 3-62　生物量评价指标值

2）生物体污染物评价

生物体污染物评价指标体系中选取的影响钦州湾生物量的指标有 8 个，分别为汞（Hg）、砷（As）、铬（Cr）、镉（Cd）、锌（Zn）、铜（Cu）、铅（Pb）、石油烃。

图 3-63 所示为生物体污染物评价指标值，该研究海域调查的海洋生物样品主要有文蛤、毛蚶、虾、近江牡蛎和中华海鲇等。汞在 2010 年前在安全与不安全之间波动，其中 2007 年和 2009 年处于病态和不安全区，近江牡蛎体内汞含量平均为 0.285mg/kg（湿重），2010 年以后基本上处于安全指标范围内，汞含量平均为 0.025mg/kg，变化范围为 0.014～0.046mg/kg。生物样品内铜安全指标分值在 2009—2013 年呈现出先增加后减少的趋势；2011 年为转折点，2011 年前随着时间推移，铜安全指标分值呈现出由病态变为安全的趋势，海洋生物体内铜含量平均值为 15.4mg/kg，变化范围为 2.06～40.1mg/kg（湿重）；2011 年后随着时间推移，铜安全指标分值呈现出由安全变为病态的趋势，海洋生物体内铜含量

平均值为 174.7mg/kg，变化范围为 142.5～207mg/kg（湿重）。海洋生物体内锌安全指标分值在 2010—2013 年基本呈现出变好的趋势，由病态区直线变化进入到安全区，2013 年较 2012 年略有回落，但还是处于安全区，锌含量变化范围为 6.7～179mg/kg（湿重）。海洋生物体内镉安全指标分值年际间波动较大，其中 2009 年为病态，镉含量平均值为 11.8mg/kg（湿重）；2010 年为亚安全，镉含量平均值为 0.405mg/kg；2011 年为安全，镉含量平均值为 0.329mg/kg；2012 年为不安全，镉含量平均值为 2.17mg/kg；2013 年为亚安全，镉含量平均值为 1.9mg/kg。海洋生物体内铬安全指标分值在 2010—2013 年，除 2012 年为亚安全外，其余年份处于安全范围。海洋生物体内铅安全指标分值在 2009 年处于不安全范围，在 2010—2011 年处于安全范围，在 2012—2013 处于亚安全范围；海洋生物体内砷安全指标分值在 2009 年处于病态，在 2010 年处于安全范围，在 2011—2012 年处于亚安全范围，在 2013 年处于安全范围；海洋生物体内石油烃安全指标分值在 2010—2013 年，除 2011 年为安全外，其余年均处于亚安全范围。

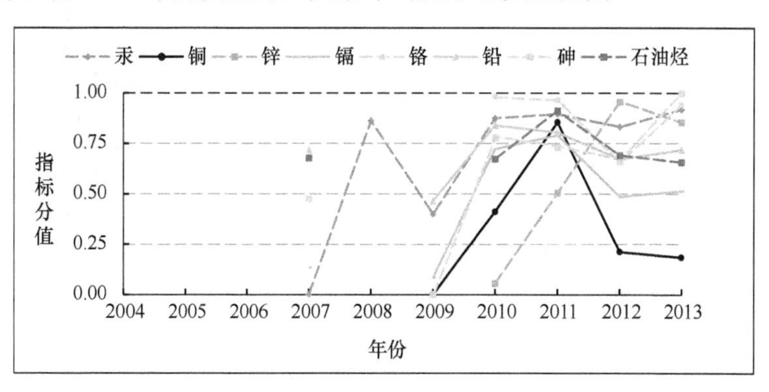

图 3-63　生物体污染物评价指标值

图 3-64 所示为茅岭江入海口区生物体污染物安全关键制约因子，从 2007—2013 年生物体污染物安全要素因子评价指标值的变化情况来看，制约安全的关键因子为锌（Zn）、镉（Cd）、铜（Cu）。但是，从每年影响生物体污染物安全关键因子的情况来看，关键因子有波动，是一个动态的变化过程，后期石油烃也成为制约的关键因子。2007 年影响生物体污染物安全的关键制约因子为砷（As）、镉（Cd）、汞（Hg）；2009 年影响生物体污染物安全的关键制约因子为汞（Hg）、砷（As）、铜（Cu）；2010 年影响生物体污染物安全的关键制约因子为石油烃、铜（Cu）、锌（Zn）；2011 年影响生物体污染物安全的关键制约因子为镉（Cd）、砷（As）、锌(Zn)；2012 年影响生物体污染物安全的关键制约因子为铬(Cr)、镉（Cd）、铜（Cu）；2013 年影响生物体污染物安全的关键制约因子为石油烃、镉（Cd）、铜（Cu），如表 3-19 所示。

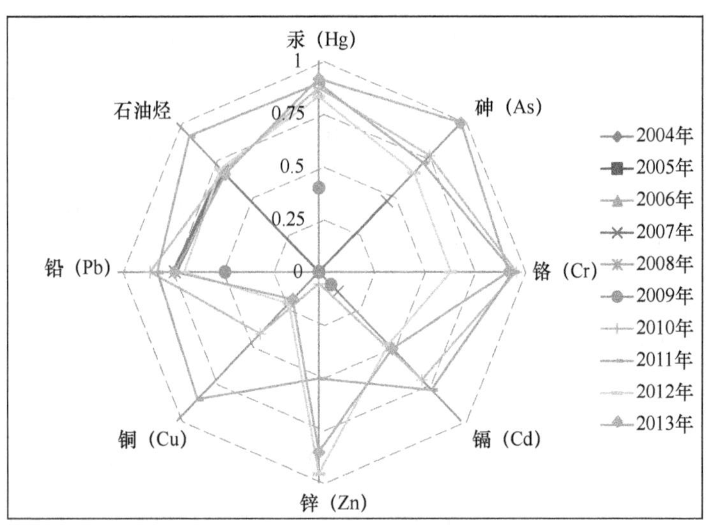

图 3-64　茅岭江入海口区生物体污染物安全关键制约因子

表 3-19　茅岭江入海口区生物体污染物安全关键制约因子

年份	关键制约因子		
2007	砷（As）	镉（Cd）	汞（Hg）
2009	汞（Hg）	砷（As）	铜（Cu）
2010	石油烃	铜（Cu）	锌（Zn）
2011	镉（Cd）	砷（As）	锌（Zn）
2012	铬（Cr）	镉（Cd）	铜（Cu）
2013	石油烃	镉（Cd）	铜（Cu）

3. 茅尾海东部农渔业区供应服务安全评价

1）生物量安全评价

生物量安全评价指标体系中选取影响钦州湾生物量的指标有 3 个，分别为浮游植物生物量、浮游动物生物量、底栖生物生物量。

图 3-65 所示为生物量安全评价指标值，该研究海域内浮游植物安全指标分值从 2010 年的亚安全（0.50～0.75）状态降为 2011 年的不安全范围（0.25～0.50）；浮游动物安全指标分值在 2011 年处于亚安全，在 2012 年处于病态（0.00～0.25），在 2013 年处于不安全范围，研究区域内浮游动物生物量平均值为 19.75mg/m^3，变化范围为 11.57～32.72mg/m^3；底栖生物安全指标分值在 2010—2012 年处于亚安全的范围，在 2013 年降为不安全，研究区域内底栖生物生物量平均值为 31.98g/m^2，变化范围为 21.42～49.67g/m^2。

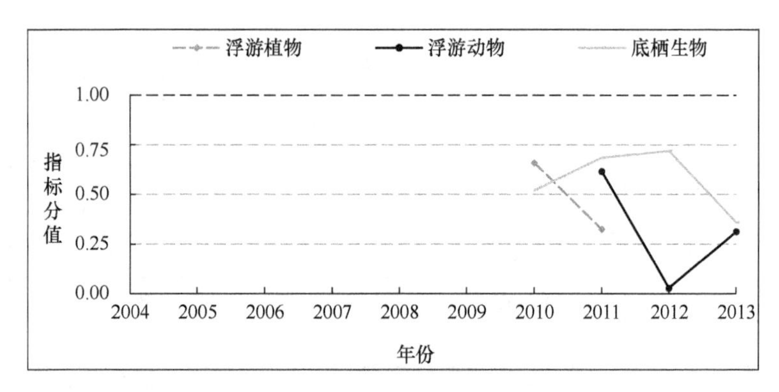

图 3-65　生物量安全评价指标值

2）生物体污染物评价

生物体污染物评价指标体系中选取影响钦州湾生物量的指标有 8 个，分别为汞（Hg）、砷（As）、铬（Cr）、镉（Cd）、锌（Zn）、铜（Cu）、铅（Pb）、石油烃。

图 3-66 所示为生物体污染物评价指标值，该研究海域调查的海洋生物样品主要有文蛤、毛蚶、虾、近江牡蛎和中华海鲇等。如图 3-66 所示，汞在 2010 年前在安全与不安全之间波动，其中在 2007 年和 2009 年处于病态和不安全区，近江牡蛎体内汞含量平均为 0.285mg/kg（湿重），在 2010 年以后基本上处于安全指标范围内，汞含量平均为 0.025mg/kg，变化范围为 0.014～0.046mg/kg。生物样品内铜安全指标分值在 2009—2013 年呈现出先增加后减少的趋势；2011 年为转折点，2011 年前随着时间推移，铜安全指标分值呈现出由病态变为安全的趋势，海洋生物体内铜含量平均值为 15.4mg/kg，变化范围为 2.06～40.1mg/kg（湿重）；2011 年后随着时间推移，铜安全指标分值呈现出由安全变为病态的趋势，海洋生物体内铜含量平均值为 174.7mg/kg，变化范围为 142.5～

207mg/kg（湿重）。海洋生物体内锌安全指标分值在 2010—2013 年基本呈现出变好的趋势，由病态区直线变化进入到安全区，2013 年较 2012 年略有回落，但还是处于安全区，锌含量变化范围为 6.7～179mg/kg（湿重）。海洋生物体内镉安全指标分值年际间波动较大，其中在 2009 年为病态，镉含量平均值为 11.8mg/kg（湿重）；在 2010 年为亚安全，镉含量平均值为 0.405mg/kg；在 2011 年为安全，镉含量平均值为 0.329mg/kg；在 2012 年为不安全，镉含量平均值为 2.17mg/kg；在 2013 年为亚安全，镉含量平均值为 1.9mg/kg。海洋生物体内铬安全指标分值在 2010—2013 年，除 2012 年为亚安全外，其余年份处于安全范围。海洋生物体内铅安全指标分值在 2009 年处于不安全范围，在 2010—2011 年处于安全范围，在 2012—2013 处于亚安全范围；海洋生物体内砷安全指标分值在 2009 年处于病态，在 2010 年处于安全范围，在 2011—2012 年处于亚安全范围，在 2013 年处于安全范围；海洋生物体内石油烃安全指标分值在 2010—2013 年，除 2011 年为安全外，其余年均处于亚安全范围。

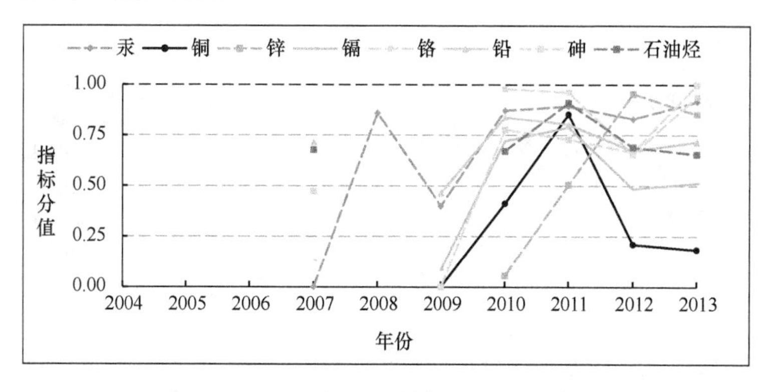

图 3-66　生物体污染物评价指标值

从2007—2013年生物体污染物安全要素因子评价指标值的变化情况来看，制约安全关键因子为锌（Zn）、镉（Cd）、铜（Cu）。但是，从每年影响生物体污染物安全关键因子的情况来看，关键因子有波动，是一个动态的变化过程，后期石油烃也是关键因子。2007年影响生物体污染物安全关键制约因子为镉（Cd）、铅（Pb）、汞（Hg）；2009年影响生物体污染物安全关键制约因子为镉（Cd）、砷（As）、铜（Cu）；2010年影响生物体污染物安全关键制约因子为石油烃、铜（Cu）、锌（Zn）；2011年影响生物体污染物安全关键制约因子为镉（Cd）、砷（As）、锌（Zn）；2012年影响生物体污染物安全关键制约因子为镉（Cd）、铬（Cr）、铜（Cu）；2013年影响生物体污染物安全关键制约因子为镉（Cd）、石油烃、铜（Cu），如表3-20所示。

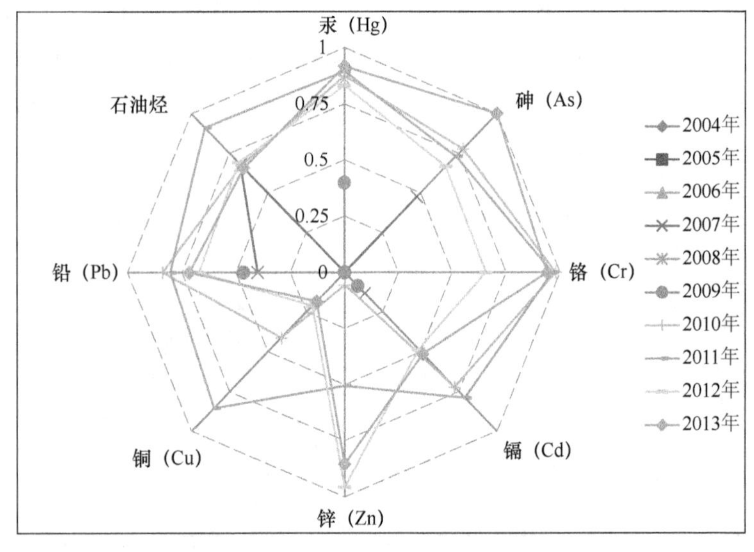

图3-67 茅尾海东部农渔业区生物体污染物安全关键制约因子

表3-20 茅尾海东部农渔业区生物体污染物安全关键制约因子

年份	关键制约因子		
2007	镉（Cd）	铅（Pb）	汞（Hg）
2009	镉（Cd）	砷（As）	铜（Cu）
2010	石油烃	铜（Cu）	锌（Zn）
2011	镉（Cd）	砷（As）	锌（Zn）
2012	镉（Cd）	铬（Cr）	铜（Cu）
2013	镉（Cd）	石油烃	铜（Cu）

4. 旅游休闲娱乐区供应服务安全评价

1）生物量安全评价

生物量安全评价指标体系中选取的影响钦州湾生物量的指标有3个，分别为浮游植物生物量、浮游动物生物量、底栖生物生物量。

图3-68所示为生物量安全评价指标值，该研究海域内浮游植物安全指标分值从2010年的亚安全（0.50～0.75）状态降为2011年的不安全范围（0.25～0.50）；浮游动物安全指标分值2011年处于亚安全，在2012年处于病态区（0.00～0.25），在2013年处于不安全范围，研究区域内浮游动物生物量平均值为63.59mg/m^3，变化范围为12.92～132.34mg/m^3；底栖生物安全指标分值在2010年处于安全状态，在2011年下降到不安全状态（0.25～0.50），在2012年处于亚安全状态（0.50～0.75），在2013年处于不安全状态，研究区域内浮游动物生物量平均值为56.73g/m^2，变化范围为23.74～130.72g/m^2；从整体来看浮游动物评价指标分值过低，底栖生物评价指标分值也有下降的趋势。

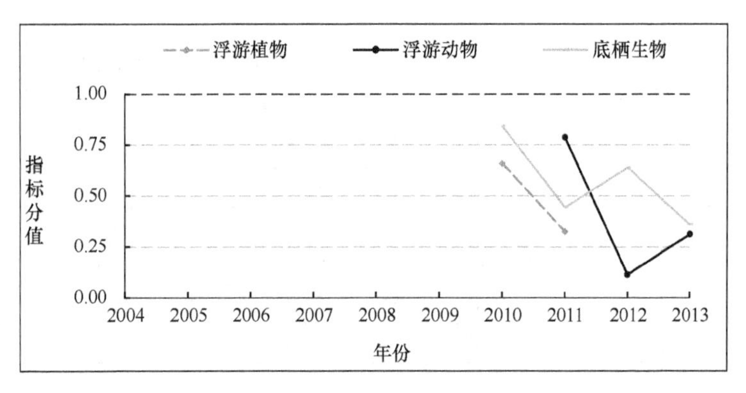

图 3-68 生物量安全评价指标值

2）生物体污染物评价

生物体污染物评价指标体系中选取的影响钦州湾生物量的指标有 8 个，分别为汞（Hg）、砷（As）、铬（Cr）、镉（Cd）、锌（Zn）、铜（Cu）、铅（Pb）、石油烃。

图 3-69 所示为生物体污染物体评价指标值，该研究海域调查的海洋生物样品主要有文蛤、棒锥螺、虾、颈带鲾等。汞在 2010 年前在安全与不安全之间波动，2010 年以后基本上处于安全指标范围内，汞含量平均为 0.022mg/kg，变化范围为 0.007～0.064mg/kg。海洋生物样品内铜安全指标分值在 2009—2013 年基本处于安全范围，年际间有稍许的波动变化，整体上平均值为 3.5mg/kg，变化范围为 2.3～5.57mg/kg（湿重）。海洋生物体内锌安全指标分值在 2010—2013 年基本处于安全范围，年际间略有波动变化，整体上平均值为 14.48mg/kg，变化范围为 10.03～19.57mg/kg（湿重）。海洋生物体内镉安全指标分值年际间波动较大，其中在 2009 年为病态；在 2010—2011 年为安全，镉含量平均值为 0.18mg/kg；在 2012—2013 年为亚安全，镉含量平均值为

0.32mg/kg。海洋生物体内铬安全指标分值在 2010—2013 年，除 2012 年为亚安全外，其余年份处于安全范围。海洋生物体内铅安全指标分值在 2010—2013 年整体上呈现增加的趋势，其中除 2009 年处于亚安全范围，其余年份均处于安全范围；海洋生物体内砷安全指标分值在 2010—2013 年整体上呈现阶梯形上升趋势，其中在 2009 年处于病态区，在 2010—2012 年处于亚安全区，在 2013 年则处于安全范围；海洋生物体内石油烃安全指标分值在 2010—2013 年，除 2011 年为安全外，其余年均处于亚安全范围。

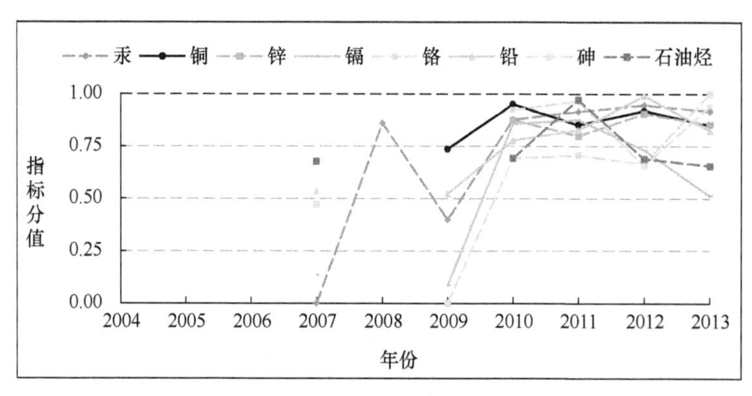

图 3-69　生物体污染物评价指标值

图 3-70 所示为旅游休闲娱乐区生物体污染物安全关键制约因子，从 2007—2013 年生物体污染物安全要素因子评价指标值的变化情况来看，制约安全关键因子为汞（Hg）、砷（As）、镉（Cd）。但是，从每年影响生物体污染物安全关键因子的情况来看，关键因子有波动，是一个动态的变化过程，后期石油烃也成为制约的关键因子。2007 年影响生物体污染物安全的关键制约因子为砷（As）、镉（Cd）、汞（Hg）；2009 年影响生物体污染物安全的关键

制约因子为砷（As）、镉（Cd）、汞（Hg）；2010 年影响生物体污染物安全的关键制约因子为砷（As）、铅（Pb）、石油烃；2011 年影响生物体污染物安全的关键制约因子为砷（As）、铅（Pb）、锌（Zn）；2012 年影响生物体污染物安全的关键制约因子为砷（As）、石油烃、铬（Cr）；2013 年影响生物体污染物安全的关键制约因子为铅（Pb）、石油烃、镉（Cd），如表 3-21 所示。

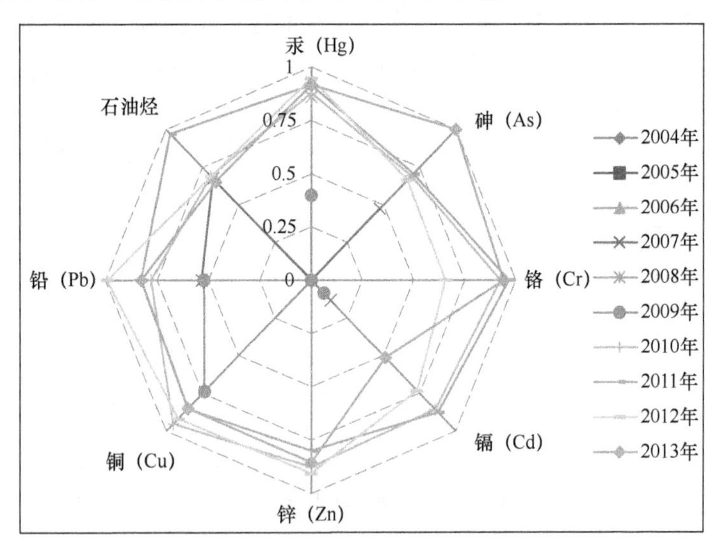

图 3-70　旅游休闲娱乐区生物体污染物安全关键制约因子

表 3-21　旅游休闲娱乐区生物体污染物安全关键制约因子

年份	关键制约因子		
2007	砷（As）	镉（Cd）	汞（Hg）
2009	砷（As）	镉（Cd）	汞（Hg）
2010	砷（As）	铅（Pb）	石油烃
2011	砷（As）	铅（Pb）	锌（Zn）
2012	砷（As）	石油烃	铬（Cr）
2013	铅（Pb）	石油烃	镉（Cd）

5. 港口工业与城镇用海区供应服务安全评价

1）生物量安全评价

生物量安全评价指标体系中选取的影响钦州湾生物量的指标有 3 个，分别为浮游植物生物量、浮游动物生物量、底栖生物生物量。

图 3-71 所示为生物量安全评价指标值，该研究海域内浮游植物安全指标分值从 2010 年的亚安全（0.50～0.75）状态降为 2011 年的不安全范围（0.25～0.50）；浮游动物安全指标分值在 2011 年处于安全状态（0.75～1.00），在 2012 年处于病态（0.00～0.25），在 2013 年处于不安全范围，研究区域内浮游动物生物量平均值为 19.75mg/m^3，变化范围为 11.57～32.72mg/m^3；底栖生物安全指标分值在 2010—2011 年处于不安全的范围，在 2012 年降为病态，在 2013 年处在不安全区间，研究区域内底栖生物生物量平均值为 31.98g/m^2，变化范围为 17.86～49.67g/m^2。从整体来看，浮游动物、底栖生物评价指标分值过低。

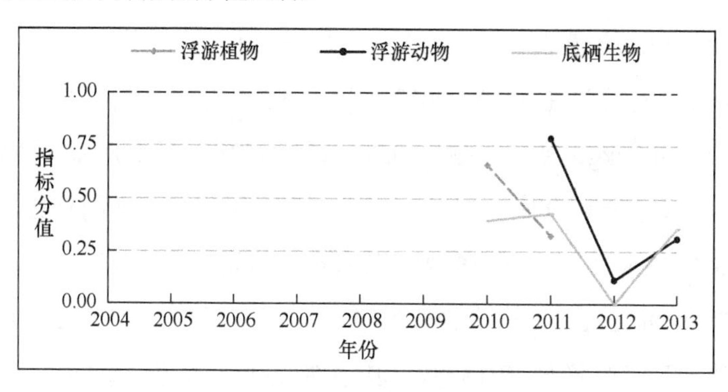

图 3-71　生物量安全评价指标值

2）生物体污染物评价

生物体污染物评价指标体系中选取的影响钦州湾生物量的指标有8个，分别为汞（Hg）、砷（As）、铬（Cr）、镉（Cd）、锌（Zn）、铜（Cu）、铅（Pb）、石油烃。

图3-72所示为生物体污染物评价指标值，该研究海域调查的海洋生物样品主要有文蛤、毛蚶、虾等。海域海洋生物样品体内汞含量在2007—2013年基本上处于安全指标范围内，平均值为0.044mg/kg，变化范围为0.032～0.13mg/kg，其中在2009—2011年波动较大，在2009年处于病态范围，在2011年处于不安全区。海洋生物样品内铜安全指标分值在2009—2010年处于亚安全范围，平均值为11.17mg/kg；在2011—2013年处于安全范围，平均值为6.73mg/kg。海洋生物体内锌安全指标分值在2010—2013年基本处于安全范围，年际间略有波动变化，整体上平均值为9.04mg/kg，变化范围为4.2～17.67mg/kg（湿重）。海洋生物体内镉安全指标分值在2009年为病态，平均值为15.3mg/kg（湿重），2010—2013年交替在安全与亚安全区域之间变化。海洋生物体内铬安全指标分值在2010—2013年处于安全范围内，整体上平均值为0.228mg/kg，变化范围为0.04～0.43mg/kg（湿重）。海洋生物体内铅安全指标分值在2010—2013年整体上呈现增加的趋势，其中除2013年处于安全范围内，其余年份均处于亚安全范围，平均值为0.69mg/kg。海洋生物体内砷安全指标分值在2010—2013年整体上呈现阶梯形上升趋势，其中在2009年处于不安全区，在

2010—2012 年处于亚安全区，且波动较大；在 2013 年则处于安全范围。海洋生物体内石油烃安全指标分值在2010—2013年，除2011年为安全外，其余年均处于亚安全范围。

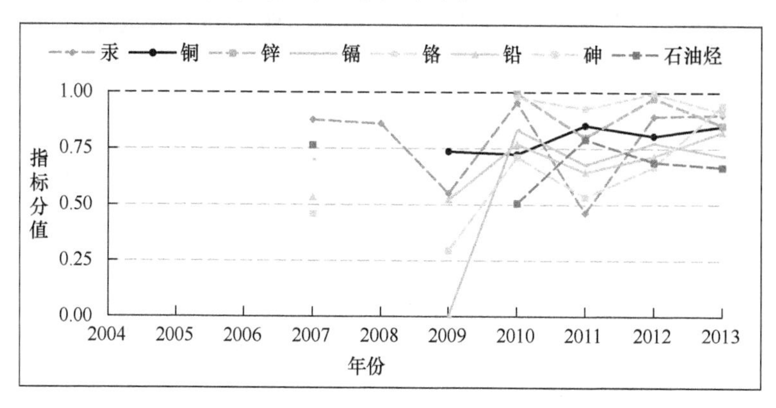

图 3-72　生物体污染物评价指标值

图 3-73 所示为生物体污染物安全关键制约因子，从 2007—2013 年生物体污染物安全要素因子评价指标值的变化情况来看，制约安全的关键因子为铅（Pb）、镉（Cd）、砷（As）。但是，从每年影响生物体污染物安全的关键因子的情况来看，关键因子有波动，是一个动态的变化过程，后期石油烃也成为制约的关键因子。2007 年影响生物体污染物安全的关键制约因子为镉（Cd）、铅（Pb）、砷（As）；2009 年影响生物体污染物安全的关键制约因子为镉（Cd）、铅（Pb）、砷（As）；2010 年影响生物体污染物安全的关键制约因子为铜（Cu）、砷（As）、石油烃；2011 年影响生物体污染物安全的关键制约因子为铅（Pb）、砷（As）、汞（Hg）；2012 年影响生物体污染物安全的关键制约因子为铅(Pb)、砷(As)、石油烃；2013 年影响生物体污染物安全的关键制约因子为铅(Pb)、

镉（Cd）、石油烃，如表 3-22 所示。

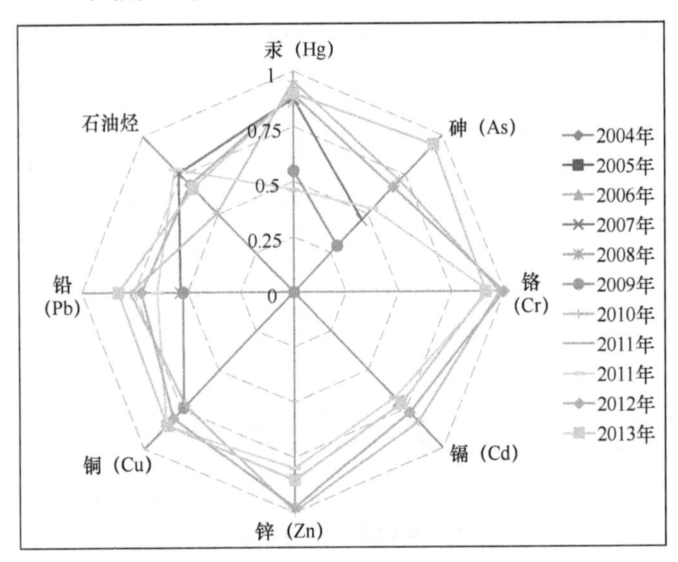

图 3-73　生物体污染物安全关键制约因子

表 3-22　港口工业与城镇用海区生物体污染物安全关键制约因子

年份	关键制约因子		
2007	镉（Cd）	铅（Pb）	砷（As）
2009	镉（Cd）	铅（Pb）	砷（As）
2010	铜（Cu）	砷（As）	石油烃
2011	铅（Pb）	砷（As）	汞（Hg）
2012	铅（Pb）	砷（As）	石油烃
2013	铅（Pb）	镉（Cd）	石油烃

6. 钦州湾外湾养殖区供应服务安全评价

1）生物量安全评价

生物量安全评价指标体系中选取的影响钦州湾生物量的指标

有 3 个，分别为浮游植物生物量、浮游动物生物量、底栖生物生物量。

图 3-74 所示为生物量安全评价指标值，该研究海域内浮游植物安全指标分值从 2010 年的亚安全（0.50～0.75）状态降为 2011 年的不安全范围（0.25～0.50）；浮游动物安全指标分值在 2011 年处于安全状态（0.75～1.00），在 2012 年处于病态区（0.00～0.25），在 2013 年处于不安全范围，研究区域内浮游动物生物量平均值为 19.75mg/m^3，变化范围为 11.57～552.7mg/m^3；底栖生物安全指标分值在病态区和不安全间波动，在2010年处于病态的范围，在2011年处在不安全范围，在 2012 年降为病态区，在 2013 年处于不安全区，研究区域内底栖生物生物量平均值为 11.33g/m^2，变化范围为 1.1～26.2g/m^2。从整体来看，浮游动物、底栖生物评价指标分值过低。

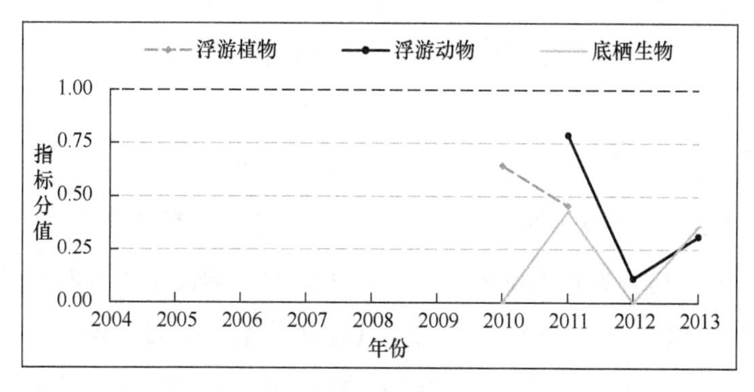

图 3-74　生物量安全评价指标值

2）生物体污染物评价

生物体污染物评价指标体系中选取的影响钦州湾生物量的指

标有 8 个，分别为汞（Hg）、砷（As）、铬（Cr）、镉（Cd）、锌（Zn）、铜（Cu）、铅（Pb）、石油烃。

图 3-75 所示为生物体污染物评价指标值，该研究海域调查的海洋生物样品主要有毛蚶、对虾、中华海鲇、牡蛎等。海洋生物样品体内汞含量除 2009 年外，在 2007—2013 年基本上处于安全指标范围内，平均值为 0.015mg/kg，变化范围为 0.008～0.028mg/kg。海洋生物样品内铜安全指标分值在 2009—2013 年处于或接近安全范围；其中在 2009 年、2010 年和 2013 年处于亚安全范围内，平均值为 11.17mg/kg，变化范围为 0.008～0.028mg/kg。海洋生物体内锌安全指标分值在 2010—2012 年基本处于安全范围，年际间略有波动变化，整体上平均值为 7.73mg/kg，变化范围为 4.89～10.82mg/kg（湿重）；在 2013 年锌安全指标分值降为亚安全区，平均值为 51.74mg/kg，变化范围为 15.69～87.8mg/kg。海洋生物体内镉安全指标分值在 2009 年为病态区；在 2010 年在安全区，平均值为 0.06mg/kg；在 2011—2013 年处于亚安全区，平均值为 0.74mg/kg，变化范围为 0.19～1.88mg/kg。海洋生物体内铬安全指标分值在 2010—2013 年处于安全范围内，整体上平均值为 0.232mg/kg，变化范围为 0.11～0.37mg/kg。海洋生物体内铅安全指标分值在 2010—2013 年整体上呈现指数增加的趋势，其中在 2009 年处于亚安全区；在 2010—2013 年升至安全区，平均值为 0.04mg/kg，变化范围为 0.02～0.065mg/kg。海洋生物体内砷安全指标分值整体上在 2010—2013 年呈现逐年变好的趋势，其中 2009 年处于不安全区；在 2010—2012 年上升为亚安全区，平均值为

0.35mg/kg；在 2013 年上升至安全区，平均值为 0.73mg/kg。海洋生物体内石油烃安全指标分值在 2010—2013 年，除 2011 年为安全外，其余年均处于亚安全范围。

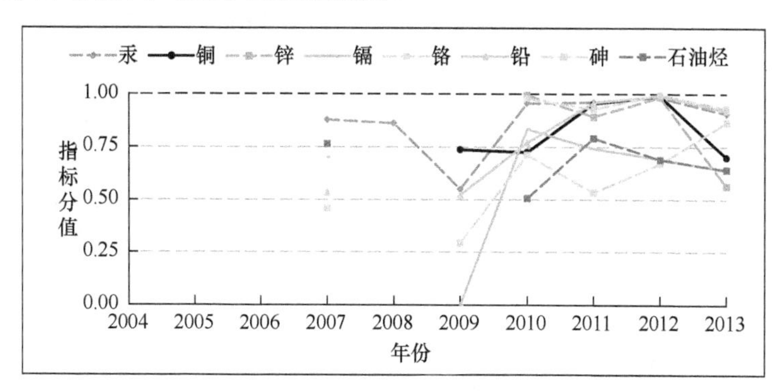

图 3-75　生物体污染物评价指标值

图 3-76 所示为钦州湾外湾养殖区历年生物体污染物安全关键因子。从 2007—2013 年生物体污染物安全要素因子评价指标值的变化情况来看，制约安全的关键因子为石油烃、镉（Cd）、砷（As）。但是，从每年影响生物体污染物安全的关键因子的情况来看，关键因子有波动，是一个动态的变化过程，后期石油烃也是关键因子。2007 年影响生物体污染物安全关键制约因子为镉（Cd）、铅（Pb）、砷（As）；2009 年影响生物体污染物安全关键制约因子为镉（Cd）、铅（Pb）、砷（As）；2010 年影响生物体污染物安全关键制约因子为铜（Cu）、砷（As）、石油烃；2011 年影响生物体污染物安全关键制约因子为镉（Cd）、石油烃、砷（As）；2012 年影响生物体污染物安全关键制约因子为镉（Cd）、石油烃、砷（As）；2013 年影响生物体污染物安全关键制约因子为镉（Cd）、石油烃、

锌（Zn），如表 3-23 所示。

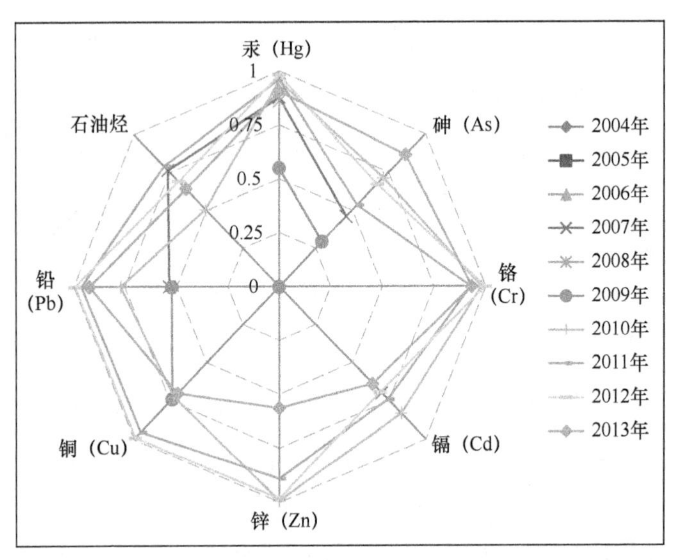

图 3-76　钦州湾外湾养殖区历年生物体污染物安全关键制约因子

表 3-23　钦州湾外湾养殖区生物体污染物安全关键制约因子

年份	关键制约因子		
2007	镉（Cd）	铅（Pb）	砷（As）
2009	镉（Cd）	铅（Pb）	砷（As）
2010	铜（Cu）	砷（As）	石油烃
2011	镉（Cd）	石油烃	砷（As）
2012	镉（Cd）	石油烃	砷（As）
2013	镉（Cd）	石油烃	锌（Zn）

7. 钦州湾外海保护区供应服务安全评价

1）生物量安全评价

生物量安全评价指标体系中选取的影响钦州湾生物量的指标

有 3 个，分别为浮游植物生物量、浮游动物生物量、底栖生物生物量。

图 3-77 所示为生物量安全评价指标值，该研究海域内浮游植物安全指标分值从 2010 年的不安全（0.25～0.50）状态变为 2011 年的亚安全范围（0.50～0.75）。浮游动物安全指标分值在 2011 年为安全（0.75～1.00），在 2012 年处于病态状态（0.00～0.25），在 2013 年处于不安全范围，研究区域内浮游动物生物量平均值为 19.75mg/m^3，变化范围为 11.57～552.7mg/m^3；底栖生物安全指标分值在病态和不安全间波动，在 2010 年处于病态的范围，在 2011 年处在不安全范围，在 2012 年降为病态，在 2013 年处在不安全区间，研究区域内底栖生物生物量平均值为 11.33g/m^2，变化范围为 1.1～26.2g/m^2。从整体上来看，浮游动物、底栖生物评价指标分值过低，浮游动物也较差。

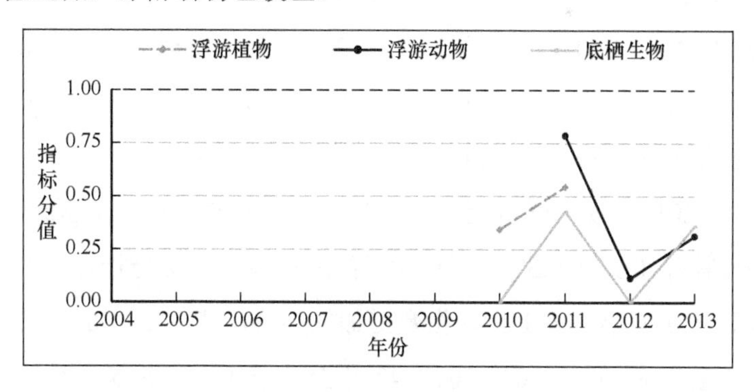

图 3-77　生物量安全评价指标值

2）生物体污染物评价

生物体污染物评价指标体系中选取的影响钦州湾生物量的指

标有 8 个，分别为汞（Hg）、砷（As）、铬（Cr）、镉（Cd）、锌（Zn）、铜（Cu）、铅（Pb）、石油烃。

该研究海域调查的海洋生物样品主要有毛蚶、对虾、中华海鲇、牡蛎等。如图 3-78 所示，海洋生物样品体内汞含量除 2009 年外，在 2007—2013 年基本上处于安全指标范围内，平均值为 0.015mg/kg，变化范围为 0.008～0.028mg/kg。海洋生物样品内铜安全指标分值在 2009—2013 年处于或接近安全范围；其中，在 2009 年、2010 年和 2013 年处于亚安全范围内，平均值为 11.17mg/kg，变化范围为 0.008～0.028mg/kg。海洋生物体内锌安全指标分值在 2010—2012 年基本处于安全范围，年际间略有波动变化，整体上平均值为 7.73mg/kg，变化范围为 4.89～10.82mg/kg（湿重）；2013 年锌安全指标分值降为亚安全，平均值为 51.74mg/kg，变化范围为 15.69～87.8mg/kg。海洋生物体内镉安全指标分值在 2009 年为病态；在 2010 年在安全区，平均值为 0.06mg/kg；在 2011—2013 年处于亚安全区，平均值为 0.74mg/kg，变化范围为 0.19～1.88mg/kg。海洋生物体内铬安全指标分值在 2010—2013 年处于安全范围内，整体上平均值为 0.232mg/kg，变化范围为 0.11～0.37mg/kg。海洋生物体内铅安全指标分值在 2010—2013 年整体上呈现指数增加的趋势，其中在 2009 年处于亚安全区；在 2010—2013 年升至安全区，整体平均值为 0.042mg/kg，变化范围为 0.024～0.059mg/kg。海洋生物体内砷安全指标分值整体上在 2010—2013 年呈现逐年变好的趋势，其中在 2009 年处于不安全区；在 2010—2013 年上升为亚安全区，平均值为 0.42mg/kg。海洋生物体内石油烃安全指标分值在 2010—2011 年处于安全范围，在 2012—2013 年处于亚安全范围。

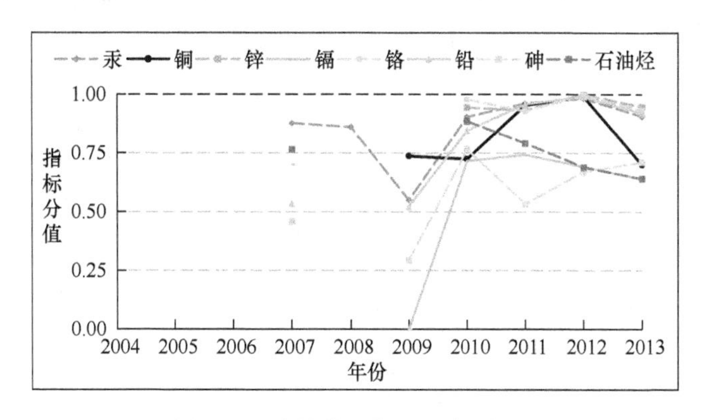

图 3-78 生物体污染物评价指标值

图 3-79 为钦州湾外海保护区生物体污染物安全关键制约因子，从 2007—2013 年生物体污染物安全要素因子评价指标值的变化情况来看，制约安全的关键因子为石油烃、镉（Cd）、砷（As）。但是，从每年影响生物体污染物安全的关键因子的情况来看，关键因子有波动，是一个动态的变化过程，后期石油烃也成为制约的关键因子。2007 年影响生物体污染物安全的关键制约因子为镉（Cd）、砷（As）、铅（Pb）；2009 年影响生物体污染物安全的关键制约因子为镉（Cd）、砷（As）、铅（Pb）；2010 年影响生物体污染物安全的关键制约因子为镉（Cd）、砷（As）、铜（Cu）；2011 年影响生物体污染物安全的关键制约因子为镉（Cd）、砷（As）、石油烃；2012 年影响生物体污染物安全的关键制约因子为镉（Cd）、砷（As）、石油烃；2013 年影响生物体污染物安全的关键制约因子为镉（Cd）、铜（Cu）、石油烃，如表 3-24 所示。

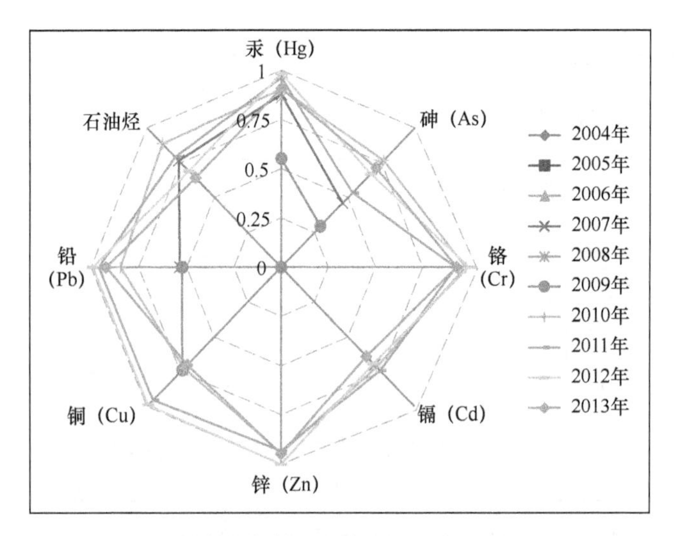

图 3-79　钦州湾外海保护区生物体污染物安全关键制约因子

表 3-24　钦州湾外海保护区生物体污染物安全关键制约因子

年份	关键制约因子		
2007	镉（Cd）	砷（As）	铅（Pb）
2009	镉（Cd）	砷（As）	铅（Pb）
2010	镉（Cd）	砷（As）	铜（Cu）
2011	镉（Cd）	砷（As）	石油烃
2012	镉（Cd）	砷（As）	石油烃
2013	镉（Cd）	铜（Cu）	石油烃

8. 三娘湾海洋保护区供应服务安全评价

1）生物量安全评价

生物量安全评价指标体系中选取的影响钦州湾生物量的指标有 3 个，分别为浮游植物生物量、浮游动物生物量、底栖生物生物量。

如图 3-80 所示，该研究海域内浮游植物安全指标分值从 2010 年的不安全（0.25～0.50）状态变为 2011 年的亚安全范围（0.50～0.75），研究区域内浮游动物生物量平均值为 260.22μg/L，变化范围为 97.4～411μg/L；浮游动物安全指标分值在 2011 年为亚安全（0.50～0.75），在 2012 年处于病态，在 2013 年处于不安全范围，研究区域内浮游动物生物量平均值为 19.75mg/m^3，变化范围为 11.57～32.72mg/m^3；底栖生物安全指标分值在病态和不安全间波动，在 2010 年处于病态的范围，在 2011 年处在不安全范围，在 2012 年降为病态，在 2013 年处在不安全区间，研究区域内底栖生物生物量平均值为 11.33g/m^2，变化范围为 1.1～26.2g/m^2。整体上来看浮游动物、底栖生物评价指标分值过低。

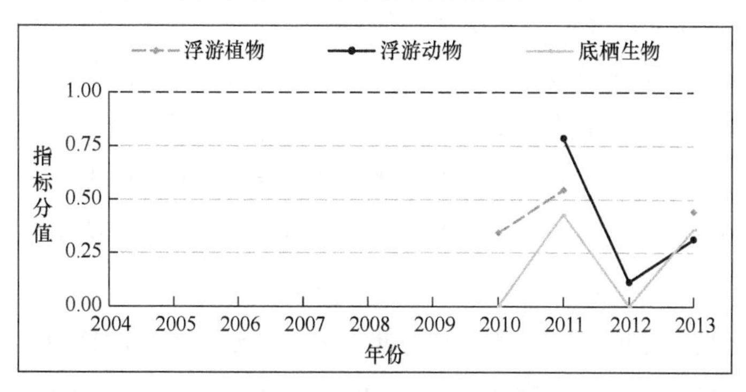

图 3-80 生物量安全评价指标值

2）生物体污染物评价

生物体污染物评价指标体系中选取的影响钦州湾生物量的指标有 8 个，分别为汞（Hg）、砷（As）、铬（Cr）、镉（Cd）、锌（Zn）、铜（Cu）、铅（Pb）、石油烃。

该研究海域调查的海洋生物样品主要有毛蚶、对虾、真鲷等。如图 3-81 所示，海洋生物样品体内汞含量除在 2009 年和 2013 年处于亚安全范围内外，在 2007—2013 年其余年份处于安全指标范围内，平均值为 0.02mg/kg，变化范围为 0.012～0.034mg/kg。海洋生物样品内铜安全指标分值呈现逐年上升的趋势，其中在 2009—2010 年处于接近安全范围的亚安全区；在 2011—2013 年处于安全区，平均值为 2.98mg/kg，变化范围为 0.45～5.14mg/kg。海洋生物体内锌安全指标分值在 2010—2013 年处于安全范围，年际间略有波动变化，整体上平均值为 6.48mg/kg，变化范围为 3.9～8.25mg/kg（湿重）。海洋生物体内镉安全指标分值在 2010—2013 年处于安全范围，年际间略有波动变化，整体上平均值为 0.098mg/kg，变化范围为 0.067～0.159mg/kg。海洋生物体内铬安全指标分值在 2010—2013 年处于安全范围内，整体上平均值为 0.04mg/kg，变化范围为 0.02～0.065mg/kg。海洋生物体内铅安全指标分值在 2010—2013 年整体上呈现指数增加的趋势，其中在 2009 年处于亚安全区；在 2010—2013 年升至安全区，整体平均值为 0.042mg/kg，变化范围为 0.024～0.059mg/kg。海洋生物体内砷安全指标分值整体上在 2010—2013 年呈现逐年变好的趋势，其中在 2009 年处于不安全区；在 2010—2012 年上升为亚安全区，平均值为 0.42mg/kg；在 2013 年上升至安全区，平均值为 0.38mg/kg。海洋生物体内石油烃安全指标分值在 2010—2013 年，除 2011 年为安全外，其余年均处于亚安全范围。

图 3-82 所示为三娘湾海洋保护区生物体污染物安全关键制约因子，从 2007—2013 年生物体污染物安全要素因子评价指标值的

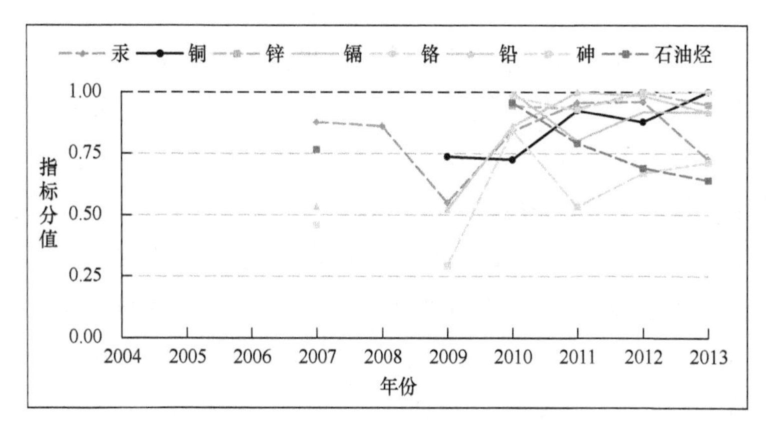

图 3-81　生物体污染物评价指标值

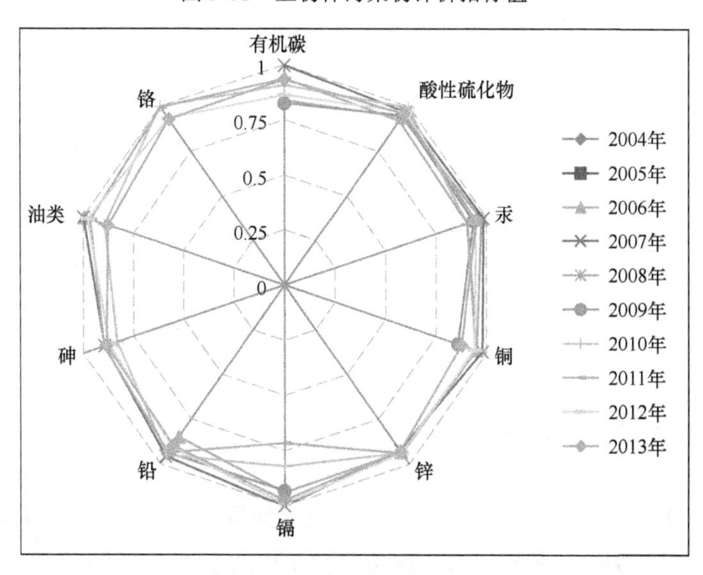

图 3-82　三娘湾海洋保护区生物体污染物安全关键制约因子

变化情况来看，制约安全关键因子为铅（Pb）、石油烃、砷（As）。但是，从每年影响生物体污染物安全关键因子的情况来看，关键因子有波动，是一个动态的变化过程，后期石油烃也成为制约的关键因子。2007 年影响生物体污染物安全的关键制约因子为砷（As）、铬（Cr）、镉（Cd）；2009 年影响生物体污染物安全的关键制约因子为砷（As）、汞（Hg）、铅（Pb）；2010 年影响生物体污染物安全的关键制约因子为砷（As）、汞（Hg）、铜（Cu）；2011 年影响生物体污染物安全的关键制约因子为砷（As）、镉（Cd）、石油烃；2012 年影响生物体污染物安全的关键制约因子为砷（As）、铜（Cu）、石油烃；2013 年影响生物体污染物安全的关键制约因子为砷（As）、汞（Hg）、石油烃，如表 3-25 所示。

表 3-25　三娘湾海洋保护区生物体污染物安全关键制约因子

年份	关键制约因子		
2007	砷（As）	铬（Cr）	镉（Cd）
2009	砷（As）	汞（Hg）	铅（Pb）
2010	砷（As）	汞（Hg）	铜（Cu）
2011	砷（As）	镉（Cd）	石油烃
2012	砷（As）	铜（Cu）	石油烃
2013	砷（As）	汞（Hg）	石油烃

3.2.2　钦州湾调节服务指数

钦州湾调节服务主要是考虑水调节服务，指标因素为钦江年径流量、茅岭江年径流量。评价基值是借鉴历史数据来确定的。

从历年钦州江年径流量的数据来看，设基准值 12 亿立方米对应为安全评价标准值“1”。年径流量平均值为 9.7 亿立方米，年径流量最大值在 2013 年为 15.69 亿立方米，指标评价数值为 0.5388，为亚安全状态。钦江年径流量最小值在 2007 年为 3.659 亿立方米，指标评价数值为 0，也就是它的年径流量小于 6 亿立方米，且为最小值，设为最低值 0，为病态，表明钦州在 2007 年年径流量过小，对整个钦州湾生态安全系统不利，如表 3-26 所示。

表 3-26　钦江年径流量评价指标分值

年份	安全	亚安全	不安全	病态	评价数值
2004		0.55			0.55
2005			0.32		0.32
2006		0.72		0	0.72
2007					0
2008	0.99				0.99
2009	0.76				0.76
2010		0.53			0.53
2011	0.87				0.87
2012	0.94				0.94
2013		0.53			0.53

从钦江评价指标分值曲线变化范围来看，钦江水调节变化大部分在不安全、亚安全、安全区间波动。最小值为 2007 年（年径流量为 3.659 亿立方米），指标评价值为 0，最大值为 2008 年（年径流量为 11.93 亿立方米），指标评价值为 0.9913。从钦江 2004—2013 年指标评价值的变化来看，其变化范围在安全与亚安全之间波动，变化趋势基本平稳，如表 3-27 所示。

表 3-27　茅岭江年径流量评价指标分值

年份	安全	亚安全	不安全	病态	评价数值
2004	0.81				0.81
2005		0.61			0.61
2006	0.90				0.90

（续表）

年份	安全	亚安全	不安全	病态	评价数值
2007		0.65			0.65
2008			0.29		0.29
2009	0.89				0.89
2010	0.80				0.80
2011	0.81				0.81
2012			0.26		0.26
2013		0.53		0.06	0.06

依据历年茅岭江年径流量数据，设基准值10亿立方米对应为安全评价标准值“1”。年径流量平均值为12.629亿立方米，年径流量最大值在2013年为21.56亿立方米，年评价数值为0.06，为病态状态。茅岭江年径流量最小值在2007年为7.252亿立方米，年评价数值为0.6565，即年径流量在6亿～8亿立方米评价为亚安全。

如图3-83所示，从茅岭江评价指标分值曲线变化范围来看，茅岭江水调节变化大部分在不安全、亚安全、安全区间波动。评

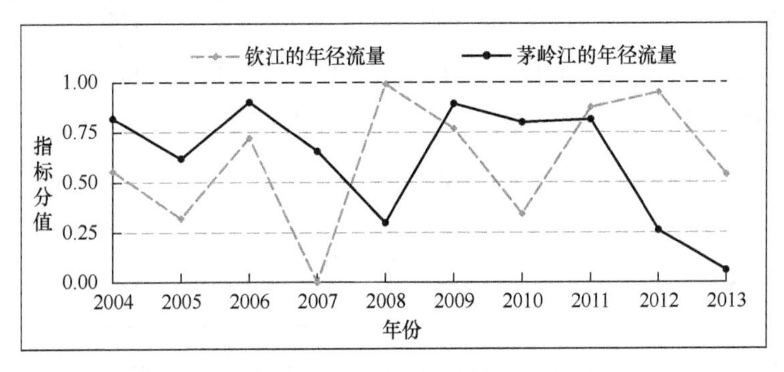

图3-83　钦江湾调节服务指数评价指标值

价指标最小值为 2013 年（年径流量为 21.56 亿立方米）的 0.059 9，评价指标最大值为 2006 年(年径流量为 9.212 亿立方米)的 0.9015。从历史年代顺序生态安全变化情况来看，2004—2011 年茅岭江水调节在安全与亚安全之间波动，到 2011 年以后变化趋势为不安全到病态间，有越来越严重的趋势。

3.2.3　钦州湾文化服务

文化服务是从休闲娱乐功能方面来考虑的，指标因素为海洋旅游人次、旅游产值。海洋旅游人次的增长率平均数为基准 20%，对应的评价指标值为“1”，旅游产值的增长率平均数为基准 30%，对应的评价指标值为“1”。表 3-28 所示为海洋旅游人次年评价指标分值。

表 3-28　海洋旅游人次年评价指标分值

年份	旅游人次递增率	安全	亚安全	不安全	病态	评价数值
2005						
2006	9.98				0	0
2007	55.87				0	0
2008	16.53		0.59			0.59
2009	14.69			0.34		0.34
2010	16.64		0.60			0.60
2011	21.75	0.80				0.80
2012	20.72	0.96				0.96
2013	11.73				0.10	0.10

从 2005—2013 年的评价指标值来看，评价最高值在 2012 年，

海洋旅游人次增长率达到了 20.7223%，对应的评价指标值为 0.9674，属于安全区域（定义安全区的海洋旅游人次增长率为 18%～22%），该年度海洋旅游人次增长率出来合理的可容纳的范围内。最小的评价指标值在 2006 年，海洋旅游人次增长率只有 9.9836%，小于 14%处在病态状态，同时该增长率也是历史最小的增长率，因此，设定评价指标值为“0”。从海洋旅游人次的增长情况来看，大部分都处在不安全、亚安全与不安全之间，但 2013 年评价指标值为 0.1093，下降到病态区间。海洋旅游人次递增率下降过快也会对钦州湾生态社会经济产生不利的影响。

表 3-29 所示为海洋旅游产值年评价指标分值。

表 3-29　海洋旅游产值年评价指标分值

年份	安全	亚安全	不安全	病态	评价数值
2005					
2006					0.66
2007				0.03	0.03
2008	0.99				0.99
2009		0.70			0.70
2010	0.83				0.83
2011				0.00	0.00
2012	0.99				0.99
2013			0.39		0.39

从历史数据分析来看，设置年递增速率平均值 30%为基准评价指标值，“1”为安全状况（安全状况波动范围为 25%～35%）。如图 3-84 所示，2012 年海洋旅游年递增率为 29.5528%，对应的

指标评价值最高为 0.9980，处于安全状况，随后的 2013 年海洋旅游产值年递增率为 17.6051%，评价指标值下降到 0.3927，为不安全。总之，旅游产值年递增速率在不安全、亚安全、安全之间波动。

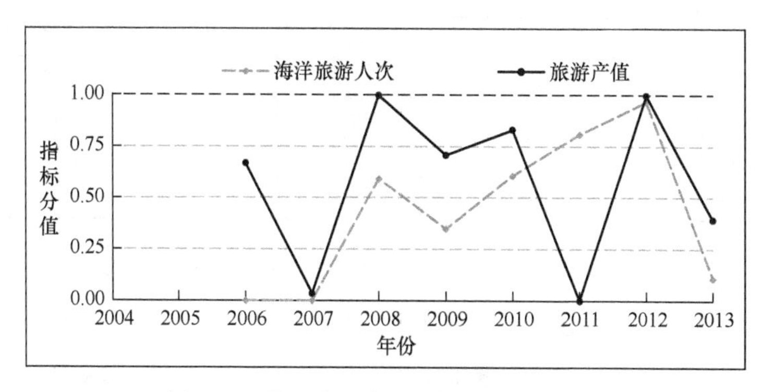

图 3-84　钦江湾文化服务指数评价指标值

3.3　钦州湾生态系统压力评价

3.3.1　钦州湾社会服务指数

从社会服务功能方面考虑，社会服务指数的指标因素包括人口密度、人口自然增长率。人口密度使用人口密度增长率平均值 1%为基值，人口自然增长率使用人口自然增长率平均数 1.5%为基值。表 3-30 所示为人口密度递增率评价指标分值。

表 3-30　人口密度递增率评价指标分值

年份	安全	亚安全	不安全	病态	评价数值
2005					
2006			0.29		0.29
2007			0.44		0.44
2008			0.36		0.36
2009		0.60			0.60
2010			0.41		0.41
2011	0.94				0.94
2012				0.00	0.00

从 2004—2005 年的人口密度年增长率的变化情况来看，年递增率最大值为 2006 年的 3.8095%，对应年评价指标分值为 0.2976，被评为不安全。人口密度年递增率最小值为 2012 年，相对于上一年为负增长，本评价指标体系中取值为 0，对应评价为病态。2011 年人口递增率为 1.2146%，对应评价指标值最大为 0.9464。从整个人口密度递增率变化对钦州湾生态安全的影响情况来看，2011 年以后人口增长率下降过快，导致评价指标值进入病态区域，2012 年为负增长，评价指标值为 0，对应的区间为病态。变化趋势表明，未来人口密度增长率对生态安全影响越来越不利，不利于该地区持续、稳定、健康的发展。

表 3-31 所示为人口自然增长率评价指标分值。

表 3-31　人口自然增长率评价指标分值

年份	安全	亚安全	不安全	病态	评价数值
2005	0.76				0.76
2006	0.99				0.99

（续表）

年份	安全	亚安全	不安全	病态	评价数值
2007	0.99				0.99
2008		0.56			0.56
2009	0.88				0.88
2010			0.39		0.39
2011			0.27		0.27
2012			0.37		0.37
2013			0.36		0.36

如图 3-85 所示，从 2005—2013 年的人口自然增长率变化情况来看，年增长最快的是 2010 年的 2.09%，对应的评价指标值下降到 0.3985，为不安全；年增长最慢的是 2013 年，为 0.98%，对应的评价指标值为 0.3608，为不安全。从历年的人口增长率变化情况来看，2006 年和 2007 年人口自然增长率在 1.3%～1.8%，2010 年以后人口自然增长率显著降低，进入了不安全区间，这对钦州湾地区持续发展将产生不利的影响。

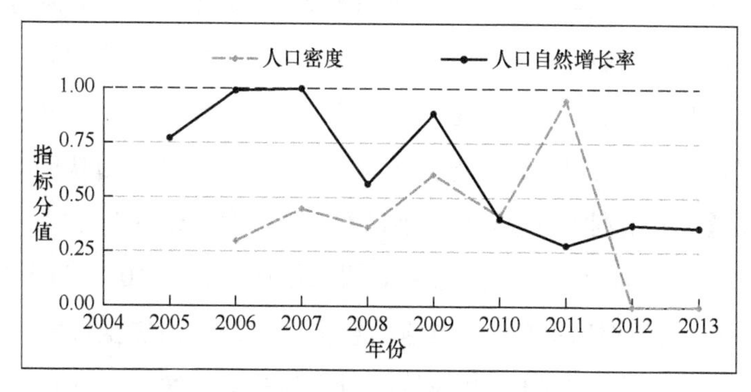

图 3-85　钦江湾社会服务指数评价指标值

3.3.2 钦州湾经济服务指数

经济服务指数是从经济服务功能方面来考虑的，指标因素包括钦州湾人均 GDP、规模以上工业总产值、港口吞吐量。具体数据如表 3-32 所示。

表 3-32 港口吞吐量递增率评价指标分值表

年份	安全	亚安全	不安全	病态	评价数值
2005					
2006		0.63			0.63
2007			0.29		0.29
2008	0.91				0.91
2009	1.00				1.00
2010				0.04	0．04
2011				0.00	0.00
2012		0.65			0.65
2013				0.20	0.20

港口吞吐量年递增率是该年相对上年的增长情况，设置背景基准值 4%，对应的评价值为“1”。从 2005—2013 年港口吞吐量递增率的变化情况来看，港口吞吐量递增率最大值在 2010 年，为 11.1761%，对应指标评价值为 0.0412，为病态，表明过快的港口吞吐量增长不利于生态安全。港口吞吐量递增率最小值为 2011 年的 0.01%，为历史最低的增长率，设为指标评价值“0”，为病态，港口吞吐量过低的增长对当地的经济发展及生态安全健康也不利。从港口吞吐量评价指标值的变化情况来看，2010 年过快的增长和 2011 年过慢的发展都不利于整个生态安全，2013 年港口吞吐量增长率的指标评价值为 0.2048，进入病态的状态，这就意味着

之后钦州湾港口吞吐量增长率将对钦州湾生态安全评价值影响很大，拉低了整个生态安全系统评价值。

表 3-33 所示为规模以上工业总产值对数增长率评价指标分值。

表 3-33　规模以上工业总产值对数增长率评价指标分值

年份	安全	亚安全	不安全	病态	评价数值
2005					
2006				0.15	0.15
2007		0.66			0.66
2008	0.94				0.94
2009			0.26		0.26
2010				0.00	0.00
2011		0.60			0.60
2012		0.56			0.56
2013				0.00	0.00

规模以上工业产值采用港口吞吐量年递增率，计算方法为该年相对上年的增长率。设置背景基准值 4%对应的评价值为“1”，为安全。从 2005—2013 年港口吞吐量递增率的变化情况来看，港口吞吐量递增率最大值为 2010 年的 11.1761%，对应指标评价值为 0.0412，为病态，表明过快的港口吞吐量增长不利于生态安全。港口吞吐量递增率最小值为 2011 年的 0.01%，为历史最低的增长率，设为指标评价值“0”，为病态，港口吞吐量增长过低对当地的经济发展及生态安全健康也不利。从港口吞吐量评价指标值的变化情况来看，2010 年过快的增长和 2011 年过慢的发展都不利于整个生态安全，2013 年港口吞吐量增长率的指标评价值为 0.2048，进

入病态的状态，这就意味着未来钦州湾港口吞吐量增长率将对钦州湾生态安全评价值影响很大，拉低了整个生态安全系统评价值。

表 3-34 所示为人均 GDP 增长率评价指标分值。

表 3-34　人均 GDP 增长率评价指标分值

年份	安全	亚安全	不安全	病态	评价数值
2005					
2006	0.94				0.94
2007			0.38		0.38
2008				0.00	0.00
2009		0.54			0.54
2010				0.00	0.00
2011	0.97				0.97
2012	0.84				0.84
2013		0.71			0.71

如图 3-86 所示，从 2004—2013 年钦州湾人均 GDP 增长率评价变化值来看，人均 GDP 的递增率变化同当年的经济状况紧密相关，随着 2006 年、2007 年经济增长率到达顶峰后，2008 年的经

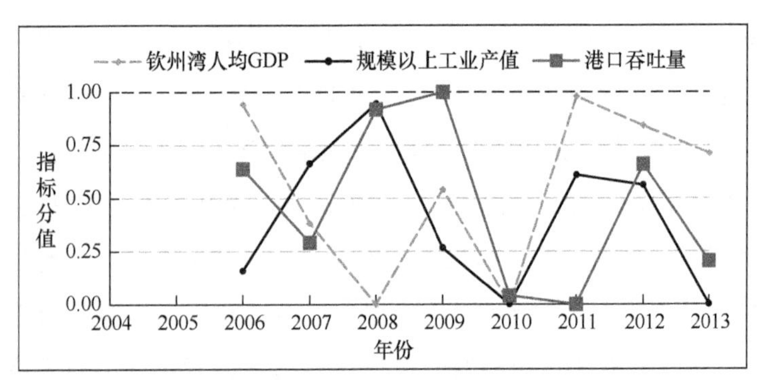

图 3-86　钦江湾经济服务指数评价指标值

济增长率为 2.8104%，跌入低谷，对应评价指数只有“0”，随后 2009 年经济反弹，经济增长率达到 8.32%，进入亚安全区间，2010 年经济增速又再次回落到病态区间，2011 年钦州湾人均 GDP 增长到 13.6613%，为安全区域，2012 年、2013 年呈现出下降趋势。

3.3.3　钦州湾突发事件服务指数

突发事件指数是从突发事件服务功能来考虑的，该指标因素为风暴潮次数。2005—2013 年风暴潮的次数如表 3-35 所示，该表对 2005—2013 年影响钦州湾的风暴潮进行了年评价。

表 3-35　突发事件评价指标分值

年份	风暴潮次数/次	安全	亚安全	不安全	病态	评价数值
2005	3			0.50		0.50
2006	2	0.75				0.75
2007	3			0.50		0.50
2008	3			0.50		0.50
2009	6				0.00	0.00
2010	3			0.50		0.50
2011	3			0.50		0.50
2012	3			0.50		0.50
2013	3			0.50		0.50

图 3-87 所示为钦江湾突发事件服务指数评价指标值。可以看出，突发事件指数分值主要在 0.5～0.75，即在安全与亚安全之间波动；除了 2009 年风暴潮次数达 6 次，该年突发事件分值为历史最低值 0（历史最低值设为背景值），属于病态状态范围，表明概

念突发事件服务指数对钦州湾生态环境影响很大。从历史数据评价分值来看，当前钦州湾突发事件在安全与亚安全之间波动，未来的变化波动趋势也是如此。

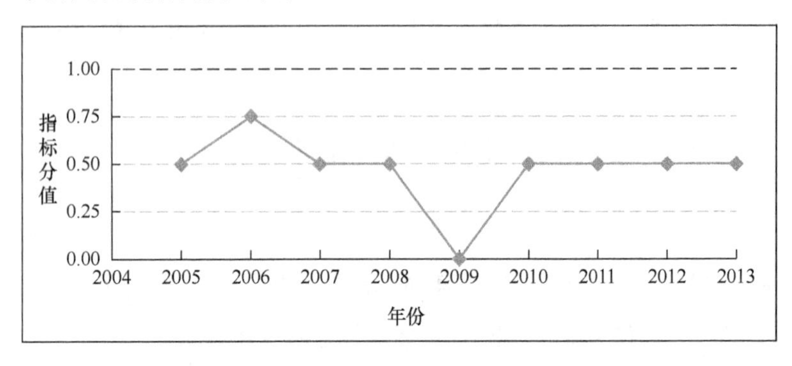

图 3-87　钦江湾突发事件服务指数评价指标值

3.4　钦州湾生态系统评价结果分析

3.4.1　生态系统变化度结果分析

按照上述钦州湾生态系统结构指数、生态系统服务指数、生态系统压力指数评价的结果，从支持服务指数（*SI*）、生物结构指数（*BI*）、生境结构指数（*HI*）、供应服务指数（*PI*）、调节服务指数（*RI*）、文化服务指数（*CI*）、社会服务指数（*WI*）、经济服务指数（*EI*）、突发事件服务指数（*EMI*）来分析，从评价指标体系因素层的变化情况来构建钦州湾生态系统结构—服务功能—压力功能指数图。为了方便观察生态系统变化度各评价指数间相关关系及变化情况，将 2004—2013 年按每 5 年划分为 2004—2008 年、2009—2013 年两个指数图来分析，具体如图 3-88 和图 3-89 所示。

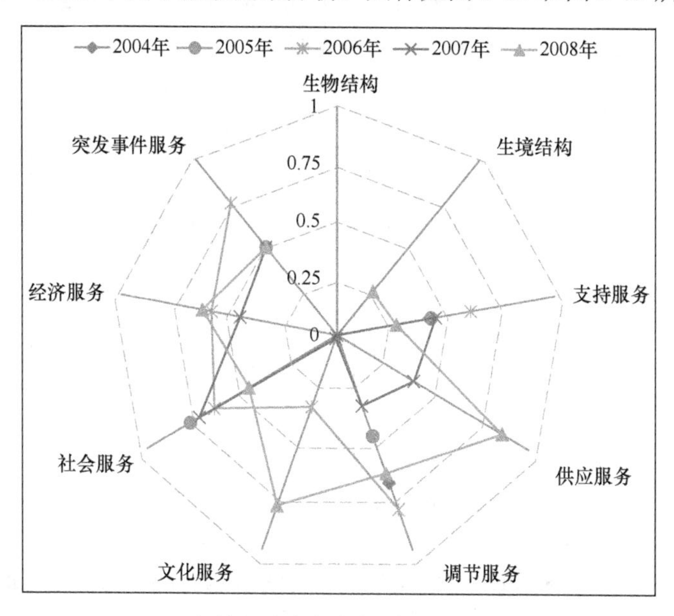

图 3-88　2004—2008 年钦州湾生态安全系统结构—服务—压力功能指数

在 2004—2008 年，钦州湾生态系统的结构和功能呈现不同程度的下降。2008 年生境结构处于病态状态，经济服务指数、突发事件服务指数比较稳定，但是生物结构、调节服务功能和文化功能持续下降。生态系统变化指数（*EVI*）变化范围是 0.4323～0.7926，钦州湾是一个处于动荡状态的生态系统。

在 2009—2013 年，钦州湾生态系统的结构和功能呈现不同程度的下降。2008 年生境结构处于病态状态，经济服务指数、突发事件服务指数比较稳定，但是生物结构、调节服务功能和文化功能持续下降。生态系统变化指数（*EVI*）变化范围是 0.4323～0.7926，钦州湾是一个处于动荡状态的生态系统。

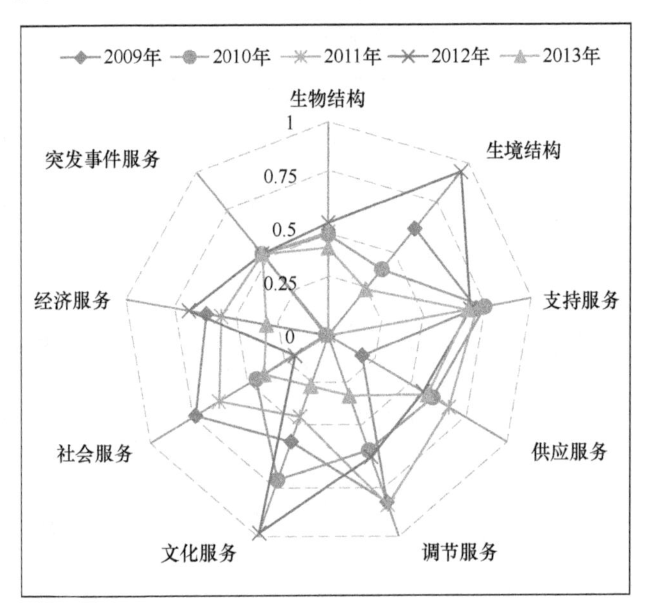

图 3-89　2009—2013 年钦州湾生态安全系统结构—服务—压力功能指数

3.4.2　生态系统协调度结果分析

钦州湾生态系统结构和服务功能不同程度地偏离健康状态，系统原有的均衡状态被打破。生态系统各种服务功能的水平参差不齐，各要素之间已经出现明显的相互制约作用，生物结构指数（*BI*）、生境结构指数（*HI*）、支持服务指数（*SI*）、供应服务指数（*PI*）、调节服务指数（*RI*）、文化服务指数（*CI*）、社会服务指数（*WI*）、经济服务指数（*EI*）、突发事件服务指数（*EMI*）主要体现在以下方面。

图 3-90 所示为钦州湾生态系统指数离散分布图。

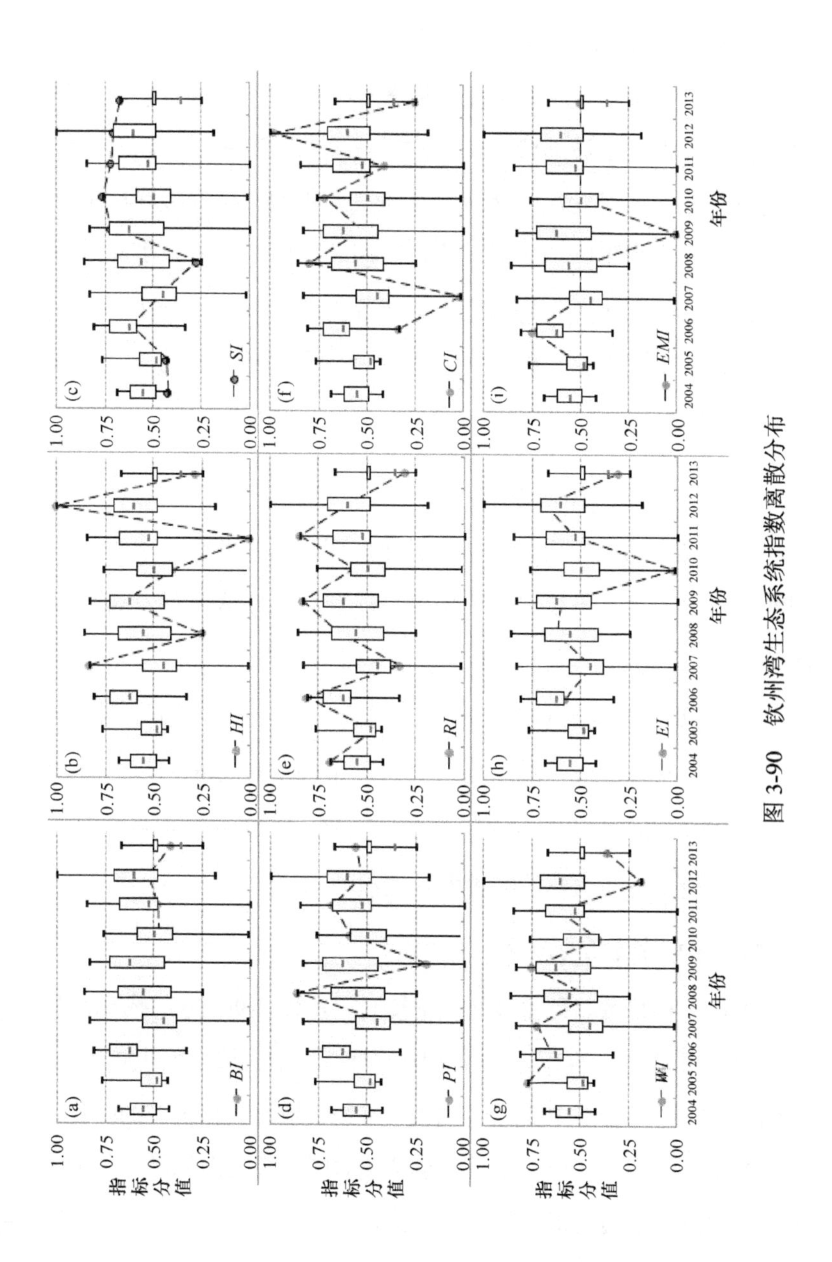

图 3-90　钦州湾生态系统指数离散分布

1. *BI* 与生态系统协调

生物多样性指数与其他生态服务的供应呈正相关关系。钦州湾物种多样性处于波动状态，生态系统安全指数较低，削弱了生态调节功能，如对钦江、茅岭江径流量的影响。生物多样性下降使初级生产力和生物量明显下降，表明支持服务功能和供应服务功能也受到了影响。生物结构指数在各生态指数中的位次持续低于中位数，如图 3-90（a）所示。明显制约了其他服务功能，对系统协调起的贡献降低。

2. *HI* 与生态系统协调

生境丧失或改变是造成生态多样性减少和生态服务功能下降的最大原因之一。本项目中采用围填海面积变化情况作为观察的指标。

1）对生物结构的影响

自 2007 年以来，钦州湾持续进行了围填海造陆工程，其中 2011 年围填海年竣工面积高达 503.21 公顷，大量的围填海对生境的改变可能是造成钦州湾物种多样性波动的原因。

2）对支持功能的影响

生境结构指数虽然呈现较大的变化，如图 3-90（b）所示，其表示的并不是生境的好坏交替变化，而是表示围填海面积年度的变化，从中可以看出 2008 年和 2011 年是围填海面积最多的年份，2012 年是围填海较少的年份。总体来看，围填海的面积是增加的，这就对周围的生境造成了持续的压力。

3. *SI* 与生态系统协调

支持服务是其他类型服务功能的基础。支持服务的降低将引起其他类型生态服务的下降。根据八类水质评价指标得出：钦州湾2004—2013年水质安全要素因子中制约水质安全的关键因子为生化需氧量、无机氮、化学需氧量。2004—2008年*SI*指数均低于中位值，如图3-90（c）所示；2009年后*SI*指数升高，高于各生态指数平均值。总体来讲，支持服务*SI*对系统协调起促进作用。

1）对生物群落结构的影响

由于水质变化的影响，该区域球形棕囊藻丰度已经接近赤潮标准，且为绝对的优势种，浮游植物多样性指数较低，表明浮游植物群落对无机氮含量上升等营养盐结构的改变发生了响应。营养盐还通过影响浮游植物及细菌的分布而间接对浮游动物的分布产生影响，肥胖箭虫、小刺拟哲水蚤等类群为优势种。

2）对供应服务的影响

沉积物质量，尤其是沉积物中重金属含量超标，显著影响大型底栖生物的种类数、密度、种类均匀度和种类丰富度。

4. *PI* 与生态系统协调

浮游植物、浮游动物、底栖生物生物量由亚安全状态下降到不安全带病态，处于不安全或病态状态的生态服务功能，可能对其产生制约作用。例如，2012年、2013年浮游动物生物量下降，底栖生物生物量大幅度减少，可能与人类干扰下，支持服务下降有关。*PI*指数在2011年以后呈现上升趋势，如图3-90（d）所示，并超过各生态指数的中值，对系统协调起到促进作用。

5. *RI* 与生态系统协调

1）对支持功能的影响

钦州湾受生态系统支持服务及调节服务影响，入海径流所提供的调节服务随着年际波动变化而变化，并有逐渐减弱的趋势。

2）对污染物和营养盐的影响

钦江、茅岭江入海河流具有较强的稀释过量营养物的能力。然而，钦江、茅岭江冲淡水量处于波动状态，不利于维持生物的适宜生境，如盐度等，明显影响该湾底栖生物分布。2013 年 *RI* 指数下降，如图 3-90（e）所示，对系统协调起制约作用。

6. *CI* 与生态系统协调

如图 3-90（f）所示，*CI* 指数 2008 年之后虽有波动，但基本上高出各生态指数的中位数，对系统协调的贡献有很大促进作用。文化服务，特别是其休闲娱乐功能对改善其他服务起到杠杆作用。提升文化服务是改善人们生活质量、促进经济可持续发展的有效途径。近年来，政府部门高度重视钦州湾周边环境治理，加大生态环境治理投入，加大生态旅游项目投入，加大白海豚保护及旅游开发项目，加大钦州湾红树林生态环境保护。这些措施将对水质及其他类型服务功能起到积极的影响，同时文化功能的改善又极大地促进了生物结构、生境结构、支持服务等功能的改善。

7. *WI* 与生态系统协调

WI 指数由 2005—2009 年的高位值（远高于各指数中值）变为 2010—2013 年的远低于各指数中值，如图 3-90（g）所示，2013 年达到历史的最低点。*WI* 对生态系统起制约作用。

8. *EI* 与生态系统协调

经济服务功能随着经济增长率的变化情况而波动，如图 3-90（h）所示，2006—2009 年经济增长较快，*EI* 均高于各指数中值。2010 年经济服务功能下降到历史最低点，与该时期的经济增长剧烈下降有关。2011 年、2012 年 *EI* 有所反弹，但 2013 年又远低于各指数中值。因此，经济总量、港口吞吐量的过快或者过慢增长对生态系统产生不利影响，也对系统协调起制约作用。

9. *EMI* 与生态系统协调

突发事件服务功能采用风暴潮对钦州湾影响进行评价。从图 3-90（i）中可以看出在 2008—2013 年 *EMI* 均低于各指数中值，对生态系统产生不利影响，同时也对系统协调起制约作用。

3.4.3　生态系统安全指数结果分析

如图 3-91 所示，钦州湾生态变化指数（*EVI*）变化范围为 0.466～0.785，其中 2004—2008 年处于安全状态，2009—2012 年处于亚安全状态，2013 年部分区域变化为不安全状态，且 *EVI* 下降到最小值点，表明这时生态系统提供服务的功能已经开始退化。

同时各功能之间协调程度下降，协调度指数 *ECI* 由 2006 年的安全状态下降到亚安全区，变化范围为 0.57～0.89，近年来有持续下降的趋势，2013 年下降到低点 0.61。生态系统变化指数（*EHI*）在亚安全至不安全区间波动，其变化范围为 0.26～0.70，并有整体下降的趋势，2007—2013 年处在不安全区间，2013 年下降到低点 0.26。整体来看，近年来 *EVI*、*ECI*、*EHI* 指数有整体下降的势头。

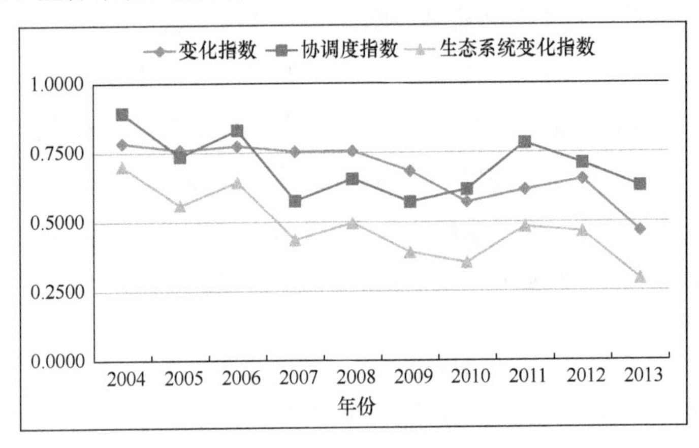

图 3-91 钦州湾生态系统安全指数

3.4.4 钦州湾生态安全区域评价结果分析

钦州湾生态安全区域评价结果表明：2004—2008 年钦州湾钦江入海口区、茅岭江入海口区、茅尾海东部农渔业区、旅游休闲娱乐区、港口工业与城镇用海区、钦州湾外湾养殖区、钦州湾外海保护区、三娘湾海洋保护区生态系统安全状态均处于安全范围；2009 年，8 个海区由上年的安全状态全部降至亚安全状态，一直维持至 2012 年。2013 年，钦江入海口区、茅岭江入海口区、茅尾海东部农渔业区、港口工业与城镇用海区突破亚安全状态并下降；旅游休闲娱乐区、钦州湾外湾养殖区、钦州湾外海保护区、三娘湾海洋保护区仍处于亚安全状态。

从 2004—2013 年这 10 年间变化情况来看，钦州湾前 5 年生态状况为安全；随着钦州湾经济发展，港口建设步伐加快，生态状况随之发生变化，随后 4 年变为亚安全；以至于到 2013 年，钦江入海口区与茅岭江入海口区由于陆源污染物质的输入安全级别进一步下降，茅尾海东部农渔业区因过度养殖及不合理养殖应该引起关注，港口工业与城镇用海区因为钦州港围填海及工业污染物质的排放受到影响，也应该引起关注。

第 4 章　钦州湾环境管理及对策

4.1　钦州湾生态不安全区应对策略

随着钦州湾工业经济的不断发展，周边的生态环境也受到了一定程度的影响。钦州湾的生态环境从 2004—2013 年的十年间呈现出不断变差的过程，到 2013 年，钦江入海口区、茅岭江入海口区、茅尾海东部农渔业区、港口工业与城镇用海区已经处于生态不安全区，若是不采取一些适当的应对措施，若干年后将会进一步变差，成为生态病态区，那时钦州湾整个生态系统将会受到巨大的波动和影响。下面是对钦州湾的各个生态不安全区“对症下药”，提出的一些应对措施和方法对策。

4.1.1　钦江、茅岭江入海口生态不安全区应对措施

钦江、茅岭江作为钦州湾北部的两条大江，每年为茅尾海输送大量的淡水资源。其中，钦江年平均流量为 64.37m^3/s，年平均径流量 20.3 亿立方米；茅岭江年平均流量为 82.12m^3/s，年平均径流量 25.9 亿立方米。但是随着农业的发展，过量农药、化肥的使

用，以及两条大江沿岸城镇化进程加快所带来的生活污水及各种中小企业污染物的不规范排放，使得随着大量淡水输入的同时所携带的污染物质也输入到茅尾海中。蓝文陆等研究指出，河流输入已成为钦州湾入海污染源的最主要部分，入海污染物以有机物（COD）和营养盐为主。

削减和控制污染物入海量是防止海洋污染的根本途径，钦州湾富营养化现象已较严重，这主要与钦州湾的茅岭江和钦江携带大量富含氮磷和有机污染物的农业污染源、城镇生活污水和工业污染物注入该湾有关，鉴于这种情况，建议从以下几点进行重点治理。

1. 加强农业面源污染综合治理与控制

种植业普遍施用的化肥及农药等农用化学制品和农业用水排灌造成的氮、磷和有机物随水土流失是导致农业面源污染负荷的主要因素。农业面源污染控制主要应依靠发展生态农业来达到综合控制的目的。生态农业是按照生态学原理、经济学原理和生态经济学原理，运用现代科学技术成果和现代管理手段及传统农业的有效经验建立起来，以期获得较高的经济效益、生态效益和社会效益的现代化的农业发展模式。

2. 加强农田基本建设的管理

加强对中、低产田进行改造和综合治理。尤其是农业面源污染负荷比重较大，又处于沿海地区的钦州市，应该点线面相结合，开展生态农业示范区、生态农业带、生态农业圈的建设，大力发展现代农业，推广农业标准化生产。通过增施有机肥、秸秆还田、节水灌溉技术、测土配方施肥技术和病虫害综合防治技术等措施，减少水土流失，提高肥料利用率，加快发展循环农业，实现减排目标。

3. 提高城镇生活污水处理力度，减少陆源污染物排放

海湾作为流域内各种污染物质的最终承接地，生态系统健康水平受流域影响很大。钦州湾周边地区经济发展迅速，城市化速度较快。整个区域的陆源污染物排放管理按照行政上的区划被人为地分开，对该海湾各河流污染控制十分不利。有必要进行海陆统筹，建立钦州湾区域内综合管理协调机制，在生态环境保护方面加强钦江、茅岭江上游和下游的合作，对海湾流域的入海污染物实行总量控制，以利于钦州湾海湾生态系统的保护。同时，钦州湾周边区域城镇生活污水处理能力仍处于较低水平。尤其是钦江承载了上游钦州市区的城市生活污水，因此，钦州市各区县要加大城镇生活污水收集系统和污水处理厂建设的投资力度，大幅度提高城市城镇生活污水收集率和处理率，有效削减污染物排放总量。

4.1.2 茅尾海东部农、渔业生态不安全区应对措施

1. 规范养殖区域，提高养殖技术

茅尾海东部农渔业区养殖活动产生的污染对海湾生态系统构成了威胁，有关部门应加强宣传教育，普及科学养殖知识，推广生态养殖理念。有必要加强对水产养殖活动的引导，避免养殖规模的过快扩大。海水养殖业要合理控制海水养殖规模，优化养殖

结构，全面推行健康、安全养殖的操作规范，减小养殖对环境的污染，大力推进无公害海水养殖技术和养殖基地建设。加强对养殖废水的处理力度，实行养殖废水达标排放制度；改进虾养殖投喂技术，提高饵料利用效率，减少投饵所形成的污染负荷。推进周边的海水养殖业向集约化、工厂化方向发展，减轻其对海湾生态系统的压力。

2. 恢复鱼卵、仔鱼资源

茅尾海的休渔期是在亲鱼产卵高峰期后，只能保护仔鱼的早期发育，考虑设置禁渔区，增强保护亲鱼的产卵洄游，增加产卵量。同时，防止过度捕捞，如控制细网、拖网作业等。改善水质和底质条件，减少填海采砂、工程爆破对鱼卵、仔鱼的影响。继续做好鱼苗投放、鱼类增殖等恢复措施。

4.1.3　港口工业与城镇用海生态不安全区应对措施

1. 加强渔港和港口船舶污染综合治理

加强对交通运输船舶污染物排放和港口排污的管理，沿海港口要完成油污水处理厂、油污水回收厂等建设，加强对港口船舶压载水、洗舱水的管理，从事危险化学品作业的港口企业，必须配备收集船舶危险化学品洗舱水的设施。通过国家政策和资金扶持，实施渔船报废制度，淘汰报废污染严重的破旧渔船，控制新增捕捞渔船，引导渔民转产转业；中型和大型渔船要安装油水分离装置，实现油污水的达标排放。加强中心渔港的建设，中型和大型渔港要全部安装废水、废油、废渣回收处理装置，满足渔船油污水等的接收处理要求。

2. 加强执法检查力度，提高工业企业入海排污口达标排放率

从港口工业与城镇用海评价结果可知，铜、铬、锌、镉、石油类等重金属是影响支持服务指数、供应服务指数的关键因子，它们在该海域水环境和生物体污染中占据主导地位，这与周边区域工业企业入海排污口污染物超标排放有较大的关系，因此，需加强对重点工业排污企业入海排污口检查力度，督促企业达标排放，以减轻污染物对海洋环境产生的不利影响。

3. 控制湾内围填海活动规模，合理利用海岸

大规模的围填海活动使钦州湾海湾生态系统在结构与功能等方面遭受了巨大挑战，现存的围填海工程已经并将继续对钦州湾海湾生态系统的健康水平造成不利影响，有必要在全湾内最大限度地控制围填海活动。如因特殊情况确需围填海的，应将其规模控制在最低限度，并在前期开展充分的调查论证工作，将其对海湾生态系统的危害降到最低水平。必须合理利用海域，尽量减少直接围填海对生态环境的破坏。

4.2 钦州湾生态亚安全区预警策略

对于目前处于生态亚安全区的钦州湾外湾养殖区、钦州湾外海保护区、三娘湾海洋保护区整体策略上应以预防为主，做到未雨绸缪，防患于未然。

4.2.1　钦州湾外湾养殖区防范措施

钦州湾外湾养殖区目前整体状况较好，但是随着北部湾建设的发展，养殖业势必要从内湾向外湾发展，那么对于外湾养殖区要提前合理规划，控制好养殖贝类及鱼类的类型和规模；对于网箱养殖，不可随意放养，从而影响到污染物质的扩散。另外，近几年来，该湾球形棕囊藻赤潮时有发生且规模越来越大，这可能与外来藻种的入侵有关。因此，在该养殖区内要重点预防棕囊藻赤潮的发生，防止北海的棕囊藻赤潮随着海流进入该区域。

4.2.2　钦州湾外海保护区防范措施

钦州湾外海保护区就像钦州湾的“南大门”，其海洋生态状况的好坏关系到整个钦州湾的生态安全，一旦这一区域发生污染后，整个湾内的环境容量将会降低。其所面临的南海海域、广东地区、东盟各国的经济正在蓬勃发展，通过该区域往来的贸易船只、石油运输船只不断增多。从前面该区域水质安全评价和沉积物安全评价可以得出，石油类污染正逐渐成为威胁该区域的主要物质。因此，对于该区域要加强海面石油类物质的监测，防止石油类物质的泄漏对该区域的污染。

4.2.3 三娘湾海洋保护区防范措施

三娘湾海洋保护区是“中华白海豚”的故乡，这一区域由于观看海豚带动了旅游产业的兴旺发展，同时也产生了海豚保护与旅游发展之间的矛盾。我们要认识到旅游产业因海豚而兴盛，因此，保护好该区域的生态环境，保护好海豚这一珍稀物种，是首要的任务，也是可持续发展之道。

1. 发挥政策导向，完善监管机制，确定合理的运营模式

对于三娘湾海洋保护区的发展来说，当地政府与经营者是其发展的两个至关重要的因素。政府在发展旅游的同时，会考虑当地社会经济、文化、环境及动物保护的协调发展，而经营者是追逐利益的生意人，即使自觉地采取生态保护措施，也不过是维护自己的经济利益而已，对环境及动物保护本身不会过多地考虑。因此，既能充分发挥政府的监督和管理职能，又能调动经营者对环境和动物的保护积极性才是合理的经营及管理模式。建议政府部门对运营者从硬件平台搭建和运营管理上给予帮扶，协助降低其运营成本；加强对经营者的培训，提高其对生态旅游和环境保护的认识；完善监督和惩罚的激励机制，从制度层面保证科学合理的运营模式。

2. 规范管理，提倡生态旅游

规范的管理是三娘湾中华白海豚观光游可持续发展的必要保证。应借鉴一些国外观鲸豚旅游的经验，如制作游客观豚手册，改善观豚设施，保证观光的安全性；在旅游旺季控制旅游规模；在白海豚繁殖期、重要的摄食地和繁育场严格禁止旅游船只的进入，限制旅游快艇的船速和靠近动物的距离；对游客在出海前进行简单的培训和讲解。

4.3　钦州湾整个海域海洋环境保护管理措施

1. 建立海洋环境保护跨部门、跨区域协调联动机制

钦州湾的沿岸行政区域分属不同区、镇管辖，针对钦州湾近岸海域化学需氧量、无机氮、铜、石油类等污染严重的现象，迫切需要建立与该区域综合整治协调机制相符合的跨行政区域、跨部门的协调和磋商机制，应建立区级海洋行政管理部门上下联动执法机制，涉海部门间协调联动机制。加强相关部门的沟通与协调，以实现区域海洋环境联合规划建设、联合执法管理和联合整治。在此机制下，对整个钦州湾生态系统实施综合管理，以实现海湾可持续发展。

2. 建立并完善海洋环境监测体系

进一步完善茅尾海生态环境监测站的建设，以茅尾海海洋环境监测中心为依托，建立沿海区（县）海洋生态环境监测站，加强实验室检测技术体系与野外监测技术体系的建设，升级监测、检测仪器设备，提升检测分析能力，形成覆盖钦州湾沿岸和近海海域的海洋生物资源与环境监测网络体系。加强对沿海直排口、

混排口、入海河口、市政下水口、海上船舶的主要污染物入海排放总量的常规定期监测，并运用遥感、GIS 等新技术，建立非点源污染（包括海水养殖）监测指标体系和评价模型。在海洋自然保护区、重点入海河段及排污口处推进自动化在线监测技术，建立以船舶、浮标、岸基、水下站台组成的多种监测技术集成的技术立体化体系。合理布设和优化监测站点，实施海洋渔业资源的动态监测和增殖放流效果检验，全面监测各类环境功能区水环境质量及其变化规律。

3. 提高对整个生态系统的综合评价能力

在自然和人类的双重影响下，钦州湾生态系统处于一个动态变化的过程。需要长期跟踪监测系统演变特征，提高对生态系统安全综合评价能力，及时揭示导致生态安全退化的原因及制约因子，从而为合理制定恢复措施提供科学依据。

4. 提高对非法用海的打击力度

各种非法用海严重干扰了正常的用海秩序，对海湾的自然环境造成了很大的破坏，严重威胁海洋生物的生存。但目前湾内的非法用海屡禁不止，有必要提高打击力度，加强巡航监测，净化钦州湾的用海环境，从而有利于海湾科学、规范的开发。

5. 加强宣传教育，鼓励公众参与

海洋生态环境保护工作的关键在于社会的广泛关注和全民参与，应充分利用广播、电视、报刊、网络、公交等媒介，开展经常性的多层次、多形式的海洋环境保护舆论宣传和科普教育，使

得各级领导和广大民众明确自己在海洋生态环境方面的责任、权利和义务，提高全民海洋环保意识和法制观念及参与意识，树立“保护海洋环境就是保护生产力，改善生态就是发展生产力”的思想。对直接涉及群众切身利益的环境与发展决策，通过召开公众听证会等形式，广泛听取各方面的意见，自觉接受社会公众的监督。要建立相应的程序和机制，使广大群众能够及时了解环境与发展决策内容，充分表达自己的意见和建议，并通过立法手段使公众参与得到法律保障。

4.4　有针对性的保护管理措施

4.4.1　针对影响钦州湾生态安全的主要因子，采取相应保护措施

从影响钦州湾生态安全的关键因子来看，各个评价区域各个评价时间窗口不同，得出的影响生态环境安全的关键因子不同。

1. 影响钦江入海口区沉积物质量的关键制约因子

从 2004—2013 年沉积物安全要素因子评价指标值的变化情况来看，制约沉积物安全的关键因子为铜、铬、砷，后期石油类也成为影响沉积物安全关键制约因子。但是，从每年影响沉积物安全关键因子的情况来看，关键因子有波动，是一个动态的变化过程。2006 年影响沉积物安全的关键制约因子为铅、铜、镉；2007

年影响沉积物安全的关键制约因子为锌、有机碳、铜；2009 年影响沉积物安全的关键制约因子为铜、有机碳、砷；2010 年影响沉积物安全的关键制约因子为砷、有机碳、铜；2011 年影响沉积物安全的关键制约因子为油类、铜、铬；2012 年影响沉积物安全的关键制约因子为砷、酸性硫化物、铬；2013 年影响沉积物安全的关键制约因子为铜、锌、油类。

由此关键制约因子可知，当前影响钦江入海口区沉积物质量的关键制约因子主要是铜、铬、铜、锌、油类。其根本原因，归纳起来可能主要有：①河流输入的污染物是海湾最主要的污染来源。在近 10 年中，其输入的营养盐污染物通量有明显的增加趋势，尤其是钦江。这对钦州湾尤其是内湾的水质及富营养化等有着重要的影响，影响着海湾生态系统健康状态；②钦江流域及海湾周边人口和经济快速增长而导致输入海湾的污染物逐渐增加，海湾有机污染、富营养化和其他污染加重，给海湾引起病原细菌和生物体残毒的增多，危害人类健康；③钦江流域及海湾输入铜、铬、铜、锌、油类失衡，导致海湾生物结构失衡，进而导致生态系统组成结构及功能偏离原来的状态。

对应的处理对策主要是开展流域和海湾整治，减少污染物输入，从根源上解决海湾污染问题。具体措施如下：钦江和茅岭江是海湾最主要的输入污染源，因而从钦江流域加强推行清洁生产和节能减排的政策和措施，加强流域及海湾周边污水处理，从根源上减少污染物输入河流及海湾周边。加强流域农业化肥结构和使用量的宣传和管理，合理调整农业结构，鼓励使用有机肥而少用化肥，并采取有效措施阻止化肥的流失，减少流域无机氮和磷酸盐等营养盐的输入量。加强对钦江整个流域的综合整治，杜绝污染物超标排放等现象。对入海河流的流域整治应突出重点，在对污染物有效控制的前提下，重点加强对钦江输入污染物中铜、锌、油类的总量控制。

2. 影响茅尾海东部农渔业区沉积物质量的安全关键制约因子

从 2006—2013 年沉积物质量安全要素因子评价指标值的变化情况来看，制约沉积物质量安全的关键因子为生化需氧量、无机氮、化学需氧量。但是，从每年影响沉积物质量安全关键因子的情况来看，关键因子有波动，是一个动态的变化过程。2006 年影响沉积物质量安全的关键制约因子为铜、铅、镉；2007 年影响沉积物质量安全的关键制约因子为铜、锌、有机碳；2009 年影响沉积物质量安全的关键制约因子为铜、砷、有机碳；2010 年影响沉积物质量安全的关键制约因子为有机铜、砷、有机碳；2011 年影响沉积物质量安全的关键制约因子为铜、铅、铬；2012 年影响沉积物质量安全的关键制约因子为铜、有机碳、铬；2013 年影响沉积物质量安全的关键制约因子为铜、酸性硫化物、油类。其根本原因归纳起来可能如下：茅尾海东部农渔业区海产品养殖所产生的养殖饲料污染及其海产品排放污染，造成海域海水富营养化诱发赤潮和养殖病害流行。

对应的处理对策是加强茅尾海东部农渔业区养殖区面源污染管理。具体措施如下：针对茅尾海东部农渔业区污染较重的情况，加强对内湾及其周边的综合整治，重点加强对海水养殖的整治。

茅尾海及周边海水养殖面积较大，海水养殖是仅次于河流的钦州湾第二大污染源，其主要污染物为生化需氧量、无机氮、化学需氧量、营养盐，对海湾有机污染、富营养化等有较大的影响。因而，需要加强对内湾养殖污染治理，制定和确立科学合理的养殖规划、养殖规模和养殖布局；积极推进健康养殖技术，推广生态养殖和立体养殖；推行池塘养殖废水集中收集处理等措施，减少海水养殖污染物输入海湾。

3. 影响港口工业与城镇用海区生物体污染物安全的关键制约因子

从2007—2013年生物体污染物安全要素因子评价指标值的变化情况来看，制约安全关键因子为铅、镉、砷。但是，从每年影响生物体污染物安全关键因子的情况来看，关键因子有波动，是一个动态的变化过程，后期石油烃也成为制约的关键因子。2007 年影响生物体污染物安全的关键制约因子为镉、铅、砷；2009年影响生物体污染物安全的关键制约因子为镉、铅、砷；2010年影响生物体污染物安全的关键制约因子为铜、砷、石油烃；2011年影响生物体污染物安全的关键制约因子为铅、砷、汞；2012 年影响生物体污染物安全的关键制约因子为铅、砷、石油烃；2013 年影响生物体污染物安全的关键制约因子为铅、镉、石油烃。究其根本原因，归纳起来如下：

① 钦州湾人口和经济的快速增长，给海湾带来了较大的污染压力，海湾周边企业排放的污染物通量有所增加；

② 港口开发建设对海湾的扰动，也给海湾生态系统带来了明显的影响。港口开发建设需要填海建设码头及海洋工程用地，使得海湾湿地面积减少，也减少了海湾的纳潮量和水动力，部分岸线的填海还破坏了红树林的面积及红树林生态系统的完整性，直接威胁着海湾生态系统的生境面积及生态环境条件。就钦州港而言，规划和正在实施的钦州港临港工业区有近 1/3 是通过填海造就的，其中钦州港保税港区填海面积就有 10 平方千米，而整个钦州港工业区填海面积总共约 50 平方千米。钦州湾规划填海面积约是整个钦州湾海域面积的 1/6，海湾生态系统的生境面积减少和生境改变较大；

③ 港口开发建设还会引起海湾中来往船只的明显增加，开挖航道也改变海湾地质的特征，也会给生态系统带来压力。钦州湾是广西的主要港湾，其港口船只数量变化趋势与广西沿海相似，明显增加。这不仅增加了来往船只对海湾水体生物的扰动，而且增加了海湾的污染物海湾周边人口和经济的快速增加，不仅加大了向海湾污染输出的压力，而且增加了从海湾生态系统中索取的压力。

对应的处理对策是强管理，减少对海湾生态系统的人为扰动。具体措施如下：

① 建立有效的海湾管理制度，加强监督和管理，才能长效地保证减少污染物排入海湾中。海湾生态系统管理是一个综合的管理，涉及多个部门，需要各个部门各司其职，在本身的职责范围

内加强管理，保护海湾的生态系统健康，同时还需要建立各部门的联动管理机制，从整个生态系统大局出发对海湾进行综合管理，减少顾此失彼的现象和只顾局部忽略整体的现象等；

② 对海湾周边工业和规划进行合理布局，尽量少占用海域或不用海域和滩涂，尤其是红树林等在生态系统中有着重要作用的海域；

③ 加强海洋工程的海域论证及环境影响评价等制度的落实，加强港口、船舶及其排污管理，减少海洋工程及向海排污对海湾生态系统的影响。减少航道、工程等对海底的开挖强度，减少大型底栖生物对生境的破坏，减少悬浮泥沙，从而提高生态系统活力；

④ 鼓励远海捕捞，严格实施禁渔期制度，减少海洋捕捞压力。同时，减少海域和滩涂随意和无序养殖活动，或者将一些养殖效益不大的滩涂海域退耕还海，减少高强度的扰动等。

4.4.2 针对生态安全协调度各指数相互作用情况，采取相应措施

生物结构指数与其他生态服务的供应呈正相关关系。钦州湾物种多样性处于波动状态，生态系统安全指数较低，削弱了生态调节功能，如对钦江、茅岭江径流量的影响。生物多样性下降使初级生产力和生物量明显下降，表明支持服务功能和供应服务功能也受到了影响。生物结构指数在各生态指数中的位次持续低于中位数，明显制约了其他服务功能，对系统协调起

的贡献降低。

生境丧失或改变是生态多样性和生态服务功能下降的最大原因之一。本项目中采用钦州湾围填海面积变化情况、红树林面积变化情况作为观察的指标。自 2007 年以来，钦州湾持续进行了围填海造陆工程，其中 2011 年围填海年竣工面积高达 503.21 公顷，大量的围填海对生境的改变可能是造成钦州湾物种多样性波动的主要原因。生境结构指数虽然呈现较大的变化，其表示的并不是生境的好坏交替变化，而是表示围填海面积年度的变化，2008 年和 2011 年是围填海面积最多的年份，2012 年是围填海较少的年份，总体来看，围填海的面积是增加的，这就对周围的生境造成了持续的压力。

支持服务是其他类型服务功能的基础。支持服务的降低将引起其他类型生态服务的下降。2004—2008 年，支持服务指数均低于中位值；2009 年后支持服务指数升高，高于各生态指数平均值。总体来讲，支持服务指数对系统协调起促进作用。由于水质变化的影响，该区域球形棕囊藻丰度已经接近赤潮标准，且为绝对的优势种，浮游植物多样性指数较低，表明浮游植物群落对无机氮含量上升等及营养盐结构的改变发生了响应。营养盐还通过影响浮游植物及细菌的分布间接对浮游动物的分布产生影响，肥胖箭虫、小刺拟哲水蚤等类群成为优势种。沉积物质量，尤其是沉积物中重金属含量超标，显著影响大型底栖生物种类数、密度、种类均匀度和种类丰富度。

浮游植物、浮游动物、底栖生物生物量安全状态下降可能对整个生态环境指标产生制约作用。

钦州湾受生态系统支持服务及调节服务影响，入海径流所提供的调节服务随着年际波动变化而变化，并有逐渐减弱的趋势。钦江、茅岭江具有较强的稀释钦州湾过量营养物的能力。然而，钦江、茅岭江冲淡水量波动甚至下降，不利于维持生物的适宜生境，如盐度等，明显影响该湾底栖生物分布。2013 年调节服务指数下降，对系统协调起制约作用。

文化服务指数 2008 年之后虽有波动，基本上高出各生态指数的中位数，对系统协调的贡献有很大的促进作用。文化服务，特别是其休闲娱乐功能对改善其他服务起到杠杆作用。提升文化服务是改善人们生活质量促进经济可持续发展的有效途径。近年来，政府部门高度重视钦州湾周边环境治理，加大生态环境治理投入，加大生态旅游项目投入（如茅尾海国家公园建设），加大白海豚保护及旅游开发项目，加大钦州湾红树林生态环境保护。这些措施将对水质及其他类型服务功能起到积极的影响，同时文化功能的改善又极大地促进了生物结构、生境结构、支持服务等功能的改善。

社会服务功能指数由 2005—2009 年的高位值（远高于各指数中值）变化为 2010—2013 年的远低于各指数中值，2013 年达到历史的最低点。社会服务功能对生态系统起制约作用。

经济服务功能随着经济增长率的变化情况而波动，2006—2009 年经济较快增长，经济服务功能指数均高于各指数中值。2010 年经济服务功能下降到历史最低点，与该时期的经济增长剧烈下降有关，随后的 2011 年、2012 年经济服务功能 EI 有所反弹，但 2013 年又远低于各指数中值。因此，经济总量、港口吞吐量的过快或者过慢增长都会对生态系统产生不利影响，也对系统协调起制约作用。

针对生态安全协调度各指数相互作用情况，采取的措施应为：开展钦州湾海洋生态文明建设，促进生态安全修复。

利用生态系统的自我调节和恢复能力，在生态系统安全状况较好的情况下效果好，但是在生态系统安全状况不好的条件下，生态系统的自我恢复需要的时间较长，还需要生态建设等措施促进生态系统健康的修复。钦州湾的内湾富营养化严重，而且局部也出现水质恶化的现象，因此，需要开展一些生态建设，才能较快地修复海湾生态系统健康。海湾的生物结构及生境结构的问题，可以采取生态治理和修复措施，如采用浮床种植大型海藻等移除水体中的多余营养物质，修复海湾富营养化现象。如果可以选择一些对磷酸盐吸收力较大的种类，则对海湾营养盐结构的恢复有更重要的意义。在适宜滩涂人工种植红树林、海草等，不仅有助于修复海湾水质和底质，还能提高生态系统的景观文化功能。对主要经济水产种类进行人工放流、加强生态保护区的建设等，进一步促进生态系统健康的修复。

参考文献

[1] Barnthouse L W. The role of models in ecological risk assessment: a 1990's perspective[J]. Environmental Toxicology and Chemistry, 1992, 11（12）: 1751-1760.

[2] Benites J R, Tschirley J B. Report of the workshop on land quality indicators for sustainable resource management[J]. FAO, Rome, Italy, 1996.

[3] 郭旭东，邱扬，连纲，等. 基于 PSR 框架的土地质量指标体系研究进展与展望[J]. 地理科学进展，2003，22（5）：479-489.

[4] 赵洋. 基于 PSR 概念模型的我国战略性矿产资源安全评价[D]. 北京：中国地质大学，2011.

[5] Shou-Qiu C. on Environmental Safety Issues[J]. Journal of Safety and Environment, 2001, 5: 6.

[6] Huang F, Wang P, Qi X. Assessment of ecological security in Changbai Mountain Area, China based on MODIS data and PSR model[C]. International Society for Optics and Photonics, 2014.

[7] Chen H M, Li Q. Assessment and Analysis on the Water Resource Vulnerability in Arid Zone Based on the PSR Model[C]. Trans Tech Publ, 2014.

[8] 左伟，周慧珍. 区域生态安全评价指标体系选取的概念框架研究[J]. 土壤，2003，35（1）：2-7.

[9] 胡文佳. 福建深沪湾海湾生态系统评价研究[D]. 厦门：厦门大学，2009.

[10] Oecd. Developing OECD Agri-Environmental Indicators[R]., 1996.

[11] Borja Á, Galparsoro I, Solaun O, et al. The European Water Framework

Directive and the DPSIR, a methodological approach to assess the risk of failing to achieve good ecological status[J]. Estuarine, Coastal and Shelf Science, 2006, 66（1）: 84-96.

[12] 张光生，谢锋，梁小虎，等. 水生生态系统健康的评价指标和评价方法[J]. 中国农学通报，2010，26：334-337.

[13]孔红梅，姬兰柱. 生态系统健康评价方法初探[J]. 应用生态学报, 2002, 13: 486-490.

[14] 朱建刚，余新晓，甘敬，等. 生态系统健康研究的一些基本问题探讨[J]. 生态学杂志，2010：98-105.

[15] 沈文君，沈佐锐，王小艺，等. 生态系统健康理论与评价方法探析[J]. 中国生态农业学报，2004，12：159-161.

[16] 王根绪，程国栋，钱鞠. 生态安全评价研究中的若干问题[J]. 应用生态学报，2003，14（9）：1551-1556.

[17] 杨志. 东山湾生态系统健康评价[D]. 厦门：厦门大学硕士学位论文，2011.

[18] Grice A, Holland I, Jones A. Ecosystem Health Monitoring Program Annual Technical Report.

[19] Usepa. National coastal condition report （EPA-620/R- ）01/051[R]. Washington D C: U.S. Environmental Protection Agency, office of Research and Development/ Office of Water, 2001.

[20] Vincent C, Heinrich H, Edwards A, et al. Guidance on typology, reference conditions and classification systems for transitional and coastal waters[J]. Produced by: CIS Working Group, 2002, 2: 119.

[21] 戴本林，华祖林，穆飞虎，等. 近海生态系统健康状况评价的研究进展[J]. Chinese Journal of Applied Ecology, 2013, 24（4）: 1169-1176.

[22] Commission O. JAMP Guidance on Input Trend Assessment and the Adjustment of Loads.

[23] Wei W, Xie B B. Evaluation of the Ecological Security in Shiyang River Basin Based on Grid GIS and PSR Model[J]. Advanced Materials Research, 2014, 864: 1042-1046.

[24] 张婧. 胶州湾海岸带生态安全研究[D]. 青岛：中国海洋大学，2009.
[25] 郑雯，刘金福，王智苑，等. 基于突变级数法的闽南海岸带生态安全评价[J]. 福建林学院学报，2011，31（2）：146-150.
[26] 杨建强，崔文林，张洪亮，等. 莱州湾西部海域海洋生态系统健康评价的结构功能指标法[J]. 海洋通报，2003，22（5）：58-63.
[27] 欧文霞. 闽东沿岸海洋生态监控区生态系统健康评价与管理研究[J]. 2006.
[28] 吝涛. 海岸带生态安全评价模式研究与案例分析[D]. 厦门：厦门大学，2007.
[29] 钟美明. 胶州湾海域生态系统健康评估[D]. 青岛：中国海洋大学，2010.
[30] 李利. 廉州湾海域生态系统健康评价[D]. 青岛：中国海洋大学，2011.
[31] 许自舟，马玉艳，闫启仑，等. 海洋生态系统健康评价软件的研制与应用[J]. 海洋环境科学，2012，2：24.
[32] 李纯厚，林琳，徐姗楠，等. 海湾生态系统健康评价方法构建及在大亚湾的应用[J]. 生态学报，2013，33（6）：1798-1810.
[33] 张庆林，张学雷，王晓，等. 辽东湾东南海域富营养化评价[J]. 海岸工程，2009，28（1）：38-43.
[34] 张朝晖，王宗灵，朱明远. 海洋生态系统服务的研究进展[J]. 生态学杂志，2007，26（6）：925-932.
[35] 孙磊. 胶州湾海岸带生态系统健康评价与预测研究[D]. 青岛：中国海洋大学，2008.
[36] 孙涛，杨志峰，刘静玲. 海河流域典型河口生态环境需水量[J]. 生态学报，2004，12.
[37] 马玉艳. 河口浮游动物群落生态健康评价方法及应用[D]. 大连：大连海事大学，2008.
[38] 贾晓平，李纯厚，甘居利，等. 南海北部海域渔业生态环境健康状况诊断与质量评价[J]. 中国水产科学，2006，12（6）：757-765.
[39] 李会民，王洪礼，郭嘉良. 海洋生态系统健康评价研究[J]. 生产力研究，2007（10）：50-51.
[40] 纪大伟，杨建强，高振会，等. 莱州湾西部海域枯水期富营养化程度研

究[J]. 海洋环境科学，2007，26（5）：427-429.
[41] 秦昌波，郑丙辉，秦延文，等. 渤海湾天津段海岸带水环境质量灰色关联度评价[J]. 环境科学研究，2007，19（6）：94-99.
[42] 宋延巍. 海岛生态系统健康评价方法及应用[D]. 青岛：中国海洋大学，2006.
[43] 肖佳媚. 基于PSR模型的南麂岛生态系统评价研究[D]. 厦门：厦门大学，2007.
[44] 林倩，张树深，刘素玲. 辽河口湿地生态系统健康诊断与评价[J]. 生态与农村环境学报，2010，26（1）：41-46.
[45] 陈小燕. 河口、海湾生态系统健康评价方法及其应用研究[D]. 中国海洋大学，2011.